JN198674

立体と鏡像で読み解く生命の仕組み

ホモキラリティーから薬物代謝、生物の対称性まで

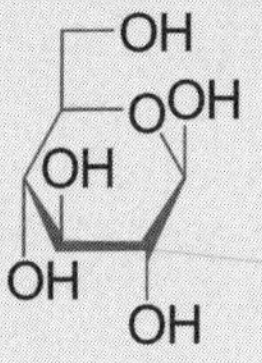

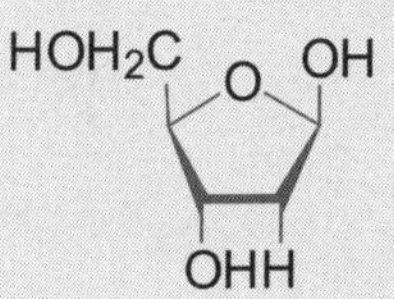

黒柳正典［著］

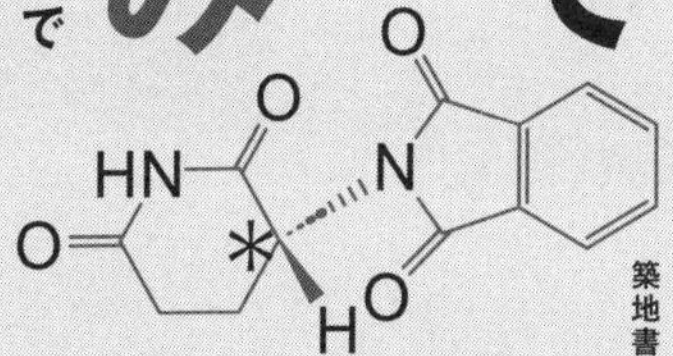

築地書館

はじめに

我々が生活している世界は、縦・横・奥行の3つの方向から成り立つ三次元の空間である。そのため私たちは朝、目が覚めれば起き上がり、洗顔し朝食を食べて勤めや学校へ出かける。人間はもちろん、イヌやネコも自由に動き回り、鳥や虫たちも自由に飛び回っている。植物たちも前後左右上下に枝葉を伸ばして、花を咲かせ果実を実らせている。

このように我々地球上の生物が空間的に広がって活動できるのは、世界が三次元空間だからである。二次元空間ではこのような動きを行うことは不可能である。景色を写真やテレビなどの画面で見ても何か物足りない感じがするが、それは三次元世界が画像という二次元の形で表現されているからである。我々が住む世界が二次元空間で平面の中でしか行動できないとしたら、景色は点やさまざまの長さの直線としてしか見ることができない。日々の生活はまったく面白みのないつまらないものになってしまうだろう。

スポーツでは、走る、跳ぶ、投げる、打つ、泳ぐことで三次元の空間を存分に利用することにより迫力あるプレーが成り立っており、大谷翔平の豪快なホームランも楽しむことができる。これが平面だけの動きしかできないとしたらやはり迫力のないつまらないものになってしまう。理論物理学の世界では三次元以上の多次元の空間があるといわれているが、それがどんなものかは我々門外漢には知ることができない謎である。ただ、三次元空間に四次元目として時間を加えた四次元時空という概念がアインシュタインの特殊相対性理論で用いられ、我々の住むこの世界に適用されており、一般に受け入れられている。もしも時間がなかったら物事の動きというものが止まってしまうことになる。一体どんな世界になってしまうのだろうか。時間のない世界も到底考えることができない。

我々の住む世界が三次元空間であるために、思わぬところでいろいろな現象に遭遇することがある。地球上の生物の生理現象をコントロールしている、生命維持に最も重要な生体成分であるタンパク質はアミノ酸で構成されている。そのアミノ酸は三次元構造を持っており、タンパク質は例外なくL－アミノ酸のみで構成されている。L－アミノ酸の鏡像異性体（鏡に映した構造）であるD－アミノ酸が同様に用いられる可能性もあるのに、地球上の生物ではどうして一方の鏡像異性体であるL－アミノ酸だけを用いているのか疑問が湧く。当然、一方のアミノ酸のみを用いることが生物の生存にとってメリットがあるためであることは間違いない。しかし、L－アミノ酸とD－アミノ酸のうちL－アミノ酸が選択されることになった理由はわかっていない。いつどんな理由でL－アミノ酸が選ばれたのかは生命誕生と並んで今なお解決されない謎である。

アミノ酸だけでなく糖や核酸はじめ地球の生物の生命活動に関わる物質のほとんどは三次元の構造を持っており、2つの鏡像異性体の一方のみが用いられている。このような現象は生命のホモキラリティー（homochirality）と呼ばれている。ホモキラリティーという現象が維持されることで地球上に生命が誕生し進化し、繁栄することができたのである。

我々の知る限りでは、奇跡的に誕生した地球の生物以外この宇宙に生物は存在しない。そんな地球の生命がいかにして誕生したのかは最大の謎である。生命の起源は地球にあるのか、地球外からやってきたのかなどいろいろな議論があるが、いまだ結論は得られていない。しかし、原始的な生物から植物や動物などの生物への進化については多くのことが明らかになっている。生命誕生とその進化にはホモキラリティーが必然であったと考えられる。地球生命は植物の光合成に支えられていることなどを含め生命誕生とその後の進化の歴史を第1章で眺めてみる。

生物が生きていくために、体内ではタンパク質や核酸などの高分子が関与して代謝に関連する有機化学反応が行われている。この中心となる有機化合物がアミノ酸や糖、核酸などである。しかも、タンパク質の素材となるアミノ酸はL－アミノ酸だけが用いられ、自然界に存在する糖は基本的にD－グルコース、D－ガラクトース、D－リボース、D－デオキシリボースなどD－系列のものが生命活動に用いられている。このような生物が持つ独特のホモキラリティーという現象について第2章で述べる。

アミノ酸や糖だけでなく多くの有機化合物は三次元構造を持っており、お互いに実像と虚像の関係にある鏡像異性体が存在する。有機化合物の鏡像異性の理論に関する発見の歴史は比較的新しく、ルイ・パスツールなどの若き科学者による貢献が大きい。鏡像異性という現象発見の歴史について第3章で述べる。

三次元構造を持つ生理活性物質の鏡像異性の関係を論じていくためには、物質の三次元構造を二次元の紙面で議論する必要があり、規則や約束事が必要となる。そのために有機化学の一分野として有機立体化学が確立してきた。アミノ酸や糖の鏡像異性を表示するためにはD／L表記が用いられ、その他の多くの光学活性物質の鏡像異性表示には*R*／*S*表記が用いられる。光学活性の理屈や立体表示の規則について第4章で述べる。専門外の読者には理解が難しいかもしれないので読み流していただいても問題ない。

タンパク質は酵素や化学物質受容体、筋肉、皮膚などとして働いており、地球の生物にとって最も重要な生体成分である。そのタンパク質を構成するアミノ酸はすべてがL－型である。遺伝子であるデオキシリボ核酸（DNA）を構成する糖であるデオキシリボースや、タンパク質に結合してその機能を修飾する各種の糖はすべてがD－型である。これらアミノ酸や糖は厳しくホモキラリティーを維持している。その他にもホルモンや脂質などの生体成分もホモキラリティーを維持している。アミノ酸や糖など生命活動に重要な役割を持つ生体物質について第5章で解説する。

医薬品開発が進み、特に新規の合成医薬品が広く用いられるようになり我々の平均寿命は大幅に改善されてきたが、その半面多くの薬害も問題になっている。医薬品は有効性と共に有害な副作用を持つことがあり、医薬品の鏡像異性が関係している場合がしばしば見られる。特にサリドマイドの鏡像異性体による薬害の問題は有名で、この事件をきっかけに一方の有効な鏡像異性体のみを医薬品として供給することが望まれるようになった。また、自然界には香り物質や味覚物質が存在するが、香りや味覚では化学物質の鏡像異性の違いが大きく影響することが知られている。鏡像異性体と生理活性の関係について第6章で述べる。

有機合成技術が大きく発展し多くの合成医薬品が供給される現在では、医薬品の鏡像異性体では生理活性に違いがあることが常識となり、医薬品として求められる鏡像異性体を供給することが当たり前となっている。そのための研究が行われ技術が進歩してきた。特定の鏡像異性体を供給するための方法について第7章で述べる。

動物の外形はほとんど左右対称の形をとっているのに、植物の全体的な姿はあまり左右対称にはこだわっていないような印象を受ける。しかし植物の部分である花や葉などの形になると対称形を持っているのが普通である。一方で巻貝や植物の蔓の巻き方など対称性を持たない形がしばしば見られる。生物の対称性に関して第8章で述べる。

本文中で述べなかった興味深い関連事項についてはコラムで記載しているので読んでいただきたい。また難解と思われる専門用語は巻末に解説しているので参考にしていただきたい。

アミノ酸や糖などの生体成分が三次元構造を持つために起こるホモキラリティーという現象は、専門性が高く難解な点もあると考えられるが、我々生物誕生と進化にとって大事な現象であることを理解していただければ幸いである。

もくじ

第7章　目的の立体配置を持つ医薬品の供給　158

第8章　生物の対称性　173

第1章 生命誕生と進化

私たち地球上の生物は三次元の世界に生きており、その誕生と同時に三次元空間で生命を維持するためのタンパク質の素材としてL－アミノ酸のみを用い、遺伝子の素材としてD－リボースやD－デオキシリボースのみを構成糖とするRNAやDNAを用いるホモキラリティーと呼ばれるメカニズムを構築している。アミノ酸や糖だけでなく、我々生物の体内で行われる代謝に関連した物質はほとんど三次元構造を持っており、その立体構造が生命維持に大きな役割を果たしている。生命が誕生し進化して現在の生命溢れる地球となるまでにはいろいろな要素が役割を果たしているが、その一つがホモキラリティーと呼ばれる現象である。生命誕生とその後の生物の進化において、生命のホモキラリティーはなくてはならない現象と考えられる。

三次元空間に生きる生命と深く関わるホモキラリティーについて述べる前に、生命誕生と進化の流れを眺めてみよう。

生物の定義

生命、すなわち生物とは何だろうかなどと普段考えることはあまりないだろうが、我々人間をはじめとする生物と無生物の違いについては、遠い昔から議論されてきたことである。生物の定義には専門家の間でもいろいろな説があり、誰もが納得する結論は得られていないが、教科書的にいえば次の3つに集約することができる。

①自己複製能力があり、子孫を残し進化することができる。
②代謝を行うことで生きていくためのエネルギーを生産することができる。
③細胞膜構造を持つことで外部との境界を構築している。

微生物、植物、動物すべての生物は、DNAやRNA、酵素を用いて子孫を残す自己複製能力を持っている。植物は光合成で二酸化炭素と水から有機化合物を合成し、これを代謝してエネルギー源として生活しており、他のほとんどの生物は食物連鎖により植物の光合成に依存して食料を得、これを代謝して得たエネルギーを用いて生活している。地球上の生物を構成する細胞は、細胞膜という膜組織で外界から隔離された構造を持っている。植物、動物、微生物はこのような上記の3つの条件をクリアしている。

生物とは何かについて述べたが、そこで常に話題となるのがウイルスである。ウイルスは生物なのか、それとも非生物なのだろうか？　感染拡大して流行が問題になっている新型コロナもまさにウイルスである。病原菌のように感染し病気を引き起こし増殖するということから、微生物と同じように生物であると考えてしまう。

しかしウイルスは上記の3つの定義に対応して見ていくと、まず増殖するためには全面的に宿主の力を借りなければならず、ウイルス単独では増殖することができない。生きていくためのエネルギー源を生産する代謝を行うことができず、宿主細胞に全面的に依存している。そして自己と外界との境界となる構造（ウイルスの場合はカプシドと呼ばれるタンパク質）を持っているが生物の細胞膜とはかなり違いがある。このようにウイルスは生物の3つの定義を必ずしも満たさず、物質のように振る舞うことからも非生物であるとする考えが妥当ではないかとなる。そのため、ウイルスに対して生と死の表現が用いられることはなく、感染力を失ったウイルスに対しては、「失活したウイルス」と表現する。また、タバコモザイクウイルスは結晶化され、この結晶がウイルスとしての病原性を示すことも明らかになっており、その後いくつかのウイルスでも結晶化が行われている。ウイルスは生物か非生物かを簡単に判断するのが難しいのが現状で、生物と非生物の中間に位置するものと考えるのが妥協的な考えである。近年では小型の細菌よりも大きく、より大きな遺伝子を持つ巨大ウイルスも見つかっており、将来、生物の定義が変えられウイルスが生物として認められる可能性もあるのではないか。

生命誕生は謎だらけ

四季の移り変わりで野山や庭の植物は姿を変え、鳥や昆虫も季節により変遷する。このように地球は多彩な生物で満ち溢れている。我々人類もその一員として日々の生活を送っている。生物はいかにしてこの地球に誕生してきたのか。さらに遡れば、生命がいかにして誕生したのか、宇宙には地球以外にも生物が棲んでいる星があるのだろうかなど興味は尽きない。特に、生命誕生の謎は人類が最も知りたいことである。かつては、生命は自然に生まれてくるものであるとの考えや、神様が生物を誕生させたとの「超自然説」が広く信じられていた。

19世紀末、ルイ・パスツールによる「白鳥の首フラスコ」を用いた実証実験で、生命は自然発生するものではないことが明らかにされた。その後、化学進化を経て地球で生命が誕生したとの説と、宇宙科学が盛んになったことで説かれ始めたパンスペルミア説――地球外の宇宙で誕生した生命体やそのもととなる物質が地球にやってきて進化したという説――が盛んに議論されている。

生命誕生には化学進化が必要だった

46億年前に天の川銀河の片隅に太陽系が誕生し、太陽の周りの小惑星がぶつかり合って誕生した火の玉であった地球は、マグマオーシャンといわれるドロドロに溶けた高温の溶岩で覆われていた。もちろん生命など存在しない世界で、有機化合物さえ存在しえない灼熱世界であった。長い時間の経過で冷やされ、水蒸気は雨となり地球の低い部分にたまって海が誕生した。諸説あるが、地球に生命が誕生したのは38億年前というのが最も一般的に認められている。原始の地球には、二酸化炭素や水などの無機化合物、窒素分子など単純なものしか存在せず、生物を構成する複雑な有機化合物はまったく存在していなかった。

生命が誕生するためには、そのもととなるアミノ酸、核酸、脂質、糖などの有機化合物が存在していなければならない。無機化合物から有機化合物へ、さらに複雑な有機化合物へと変化し、それが集まって原始生命が誕生して原核生物へと進化し、さらに高い機能を持った真核生物に進化したと考えられている。

この無機化合物など単純な物質から生命の基本となる複雑な有機化合物への変化の過程を化学進化(Chemical evolution)と呼ぶ。この説は、ロシア(当時のソ連)のアレクサンドル・オパーリンによって発表された『生命の起源』の中で唱えられた化学進化説によっている。化学進化は生命誕生前の重要なステップとして位置付けられており、生命誕生にはなくてはならない過程である。そのため、地球上での化学進化がどのように行われてきたかは多くの科学者によって興味が持たれ議論されてきた。しかし、この化学進化をどのようにして実証したらよいかについては解決策が見つかっていなかったため、これを実験的に証明する研究はほとんど行われていなかった。この難問をブレークスルーしたのが1953年のユーリー＝ミラーの実験である。

化学進化に続く生命誕生までの過程でアミノ酸が重合して誕生したタンパク質が触媒作用を示すこ

とで核酸が生まれて、その結果原始生命が誕生したとするのがタンパク質ワールド仮説だ。一方近年、限定的ではあるが触媒作用が認められ、遺伝子の機能を持つＲＮＡ（リボザイムとも呼ばれる）こそ原始生命の誕生に寄与したとする、ＲＮＡワールド仮説が注目されている。ただしどちらの説も一長一短があることから仮説であり、無生物から生命誕生の過程は相変わらず謎のままである。

ユーリー＝ミラーの実験

原始の地球で、単純な物質から複雑な物質に変化する化学進化が生命誕生のためには必須の過程と考えられていたが、どのようにして化学進化が起こったかを証明することは困難で、この問題に関する有効な研究などは20世紀まで行われてこなかった。

ノーベル化学賞受賞者でもある、シカゴ大学のハロルド・ユーリーの研究室の大学院生であったスタンリー・ミラーは、原始大気の組成と考えられていた簡単な化学物質から有機化合物が作られていく化学進化を証明する実験に挑戦した。当時、誕生間もない地球の大気組成は還元的なメタン、アンモニア、水素が主要成分であると考えられていた。そこでミラーはこれらの成分に水を加えた人工大気に、反応のエネルギー源として落雷をイメージした高圧放電を行った。その結果、反応物の中からグリシン、アラニン、アスパラギン酸、グルタミン酸などのアミノ酸、乳酸、ギ酸、酢酸、コハク酸などの有機酸など、多種類の有機化合物の存在が明らかにされたのである。この実験は、ミラーの実験とかユーリー＝ミラーの実験などと呼ばれ、化学進化を実証する研究成果として注目を集めた（図

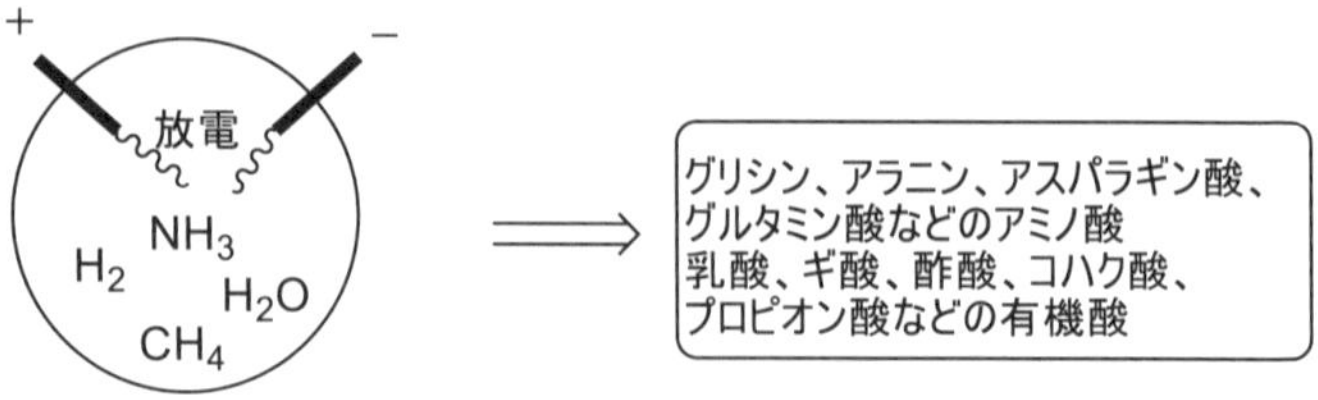

図1−1　ミラーは、当時の地球大気の組成と考えられるメタン（CH_4）、アンモニア（NH_3）、水素（H_2）に水（H_2O）を混ぜて硝子容器に詰め高圧放電を行った。反応物から数種のアミノ酸や有機酸など多くの有機化合物が確認された。

1−1）。

この結果から、当時地球上に存在したと考えられるメタン、アンモニア、水、水素などの分子に雷の放電や宇宙からの放射線などが照射されることでアミノ酸などの生体成分が誕生する可能性が示され、それにより生命誕生前の化学進化の妥当性が確認されたと評価された。

しかし、ミラーが実験を行った当時は、生命誕生前の地球大気の成分は還元的なメタン、アンモニア、水素、水からなっていると考えられていたが、その後、還元的大気組成は否定され、地球の大気はより非還元的な窒素、二酸化炭素、水からなると考えられるようになっている。そのためミラーの実験は必ずしも化学進化を証明するものではないと考えられているが、化学進化という現象を実験的に証明しようとした先駆的な実験手法は今なお高く評価されている。

最近では、次に述べるように、深海の熱水噴出孔の周りに独特の生物圏が見つかっており、そこで生命が誕生したとするのが有力な説の一つになっている。熱水噴出孔からはメタンや水素など還元的な化学成分が供給されていることが明らかになっており、その環境が生命誕生の場と考えれば、一旦は否定されたユーリー＝ミラーの実験結果の妥当性が再評価されることになる。

生命誕生の場、熱水噴出孔

月に人が降り立ったり、地球の外や火星、木星、土星などの惑星の近くへ人工衛星を飛ばしたりすることはごく当たり前のこととなっている。また観測方法の進歩により太陽系の外、さらには太陽系が属する天の川銀河やその他の銀河の様子がいろいろわかってきている。そして、この宇宙は138億年前にビッグバンによって誕生したことも明らかになっている。これに比べて深海の様子を知ることは非常に困難であった。これは水圧という障害があるためである。水圧は、10メートル潜るごとに1気圧かかり、数千メートルでは数百気圧、1平方センチに数百キログラムの圧力がかかることになる。また、水深200メートルを超すと光が届かず暗黒の世界だ。そのため、最近まで深海の様子を知ることは困難であった。

しかし、1977年にアメリカのウッズホール海洋研究所が管理運営する有人深海探査艇アルビン号が、ガラパゴス諸島海域の水深2000メートルの海底に熱水噴出孔を見つけた。噴出孔はその形から、煙突を意味するチムニーと呼ばれている。そして驚くことに、光のまったく届かない高い水圧のチムニーの周りにチューブワーム、カニ、エビ、二枚貝など独特の生物が群生していることが観察された。チムニーには含まれる成分によって、黒色、灰色、白色、透明などさまざまな色をしているが、特にイオウの化合物が含まれて真っ黒なものはブラックスモーカーと呼ばれて注目されている。

近年、深海探査潜水艇の機能が格段に進歩し、水深数千メートルの深海探査を行うことも可能となっている。我が国でも「しんかい６５００」が有人深海探査潜水艇として活躍し、６５００メートルの深さまで潜水し深海の探査研究が行われている。欧米や中国、オーストラリアなどでも有人深海探査船を用いた探査研究が行われており、アメリカ、フランス、オーストラリア、中国などでは水深1万メートルを超す深海への有人潜水に成功している。

太平洋の南北アメリカ沿岸や日本近海、南太平洋のマリアナ海域、インド洋、大西洋を中心に、地殻活動の盛んな世界各地の深海での探査研究が盛んに行われるようになった。その結果、水深数千メートルの深海の地殻活動の盛んな海嶺においてチムニーが多数確認されている。チムニーから噴出される熱水は高い圧力のため４００℃にもなる高温で、化学反応のエネルギー源ともなり、いろいろな無機物質や金属が含まれているため、反応の触媒としても働くことが期待される。

深海では光が届かないため光合成による生態系が存在せず、海洋生物の残骸であるマリンスノーなどをエネルギー源にできる、細々とした生態系が存在するだけと考えられており、生物の密度は非常に低い。

しかし地表とは完全に隔絶された水深数千メートルの熱水噴出孔の周りには「化学合成生物群集」と呼ばれる生物圏が存在している。噴出孔の周りには、古細菌の仲間である「超好熱メタン菌」が生息し、還元的な化学物質である硫化水素や水素を用い二酸化炭素を反応させて、有機物質であるメタンなどを合成しエネルギー源とする。これを一次生産者とするジャイアントチューブワーム（ハオリムシ）、シロウリガイ、シンカイヒバリガイ、ユノハナガニ、ゴエモンコシオリエビ、イソギンチャ

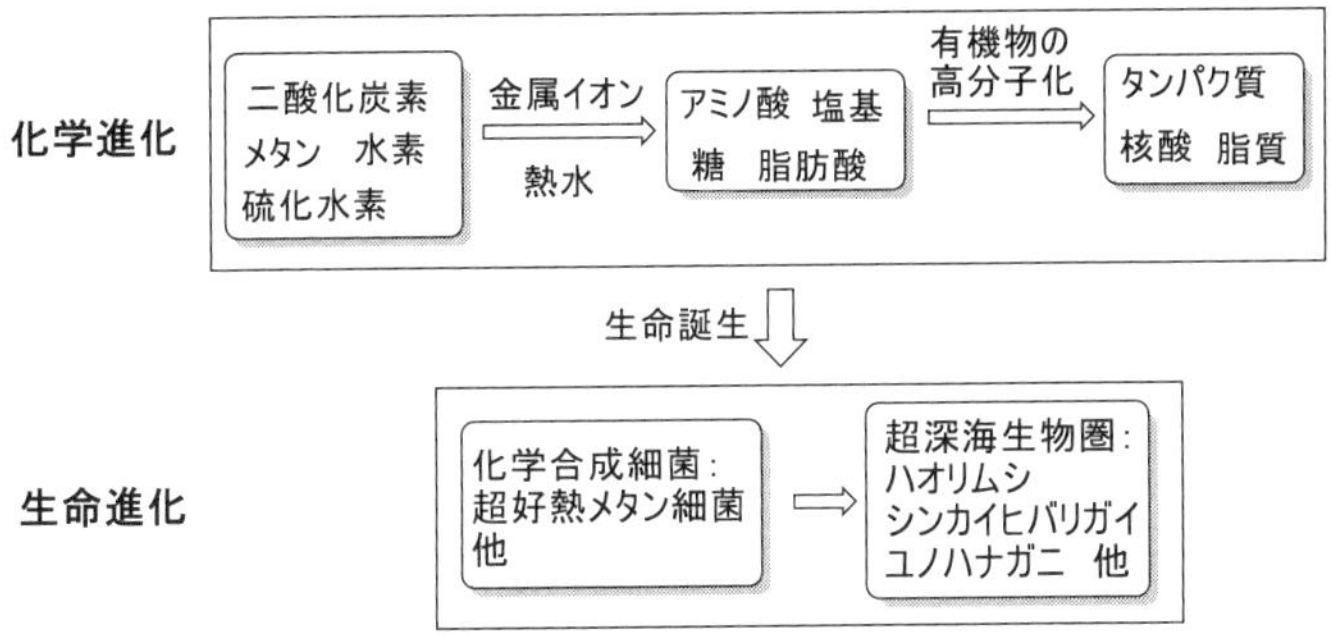

図1-2　熱水噴出孔では還元的な化学物質や触媒となる金属イオンが熱水と共に噴出しているため、生命活動に必要な化学進化が進行することで生命が誕生して、生命進化が起こったと考えられる。

クなどの生物で食物連鎖が行われ、生態系が維持されていると考えられている。これらは他の場所では見られない独特の生態系を形成している。

熱水噴出孔からはメタン、水素、硫化水素、アンモニアなどの還元的な成分が含まれるガスが豊富に、しかも持続的に噴出しており、さらに化学反応の触媒となりうる鉄、マンガン、銅、亜鉛などの金属イオンも噴出している。また、これらの物質を含む熱水も数百℃の高温であるため、化学反応に必要なエネルギーの供給源になっていると考えられている。

このように、熱水噴出孔ではユーリー＝ミラーの実験を髣髴《ほうふつ》とさせる化学進化の環境が整っている。しかも、これら還元的化学種を原料とする金属イオンを用いた熱反応で、グリシンをはじめ数種のアミノ酸が生成することも実験で明らかになっている。今ではこの深海の熱水噴出孔が化学進化の行われる好適地と考えられ、地球における生命誕生の場所ではないかという考えが支持されつつある（図1－2）。

パンスペルミア説――地球外生命の痕跡を求めて

地球で生命が誕生したとする考えに対して、地球以外の宇宙のどこかで誕生して地球にやってきたという考えがある。これをパンスペルミア説と呼ぶ。火星を望遠鏡で観察すると縞状の模様が見えたことから火星には運河があるといわれ、昔から火星では生命が誕生し高い知能を持った生物がいるのではないかなどと考えられてきた。19世紀末に発表され話題になったハーバート・ジョージ・ウェルズの小説『宇宙戦争』では、タコのような形をした火星人が地球に攻めてくる様子が描かれた。もちろんこんな火星人の存在は否定されているものの、今でも火星では生命が誕生しているのではないかという考えから、生命の痕跡である水や有機物を確認しようと無人探査機による土の採収や化学分析が盛んに行われているが、生命の痕跡は見つかっていない。

一方、木星の衛星であるエウロパには地表を覆う氷の下に水の海があり、土星の衛星であるタイタンにはメタンの雨が降り、メタンの海が存在して化学進化が起こりうる環境にあると推測されている。このような事実から、地球外生命の存在の可能性が期待され大がかりな探査研究が行われつつある。また、地球が存在する天の川銀河だけでも2000億個以上の恒星（太陽のように光輝く星）が存在するといわれており、その周りには惑星があると考えられる。そんな惑星の中には地球と同様、生命誕生の条件を持つものがありうるなどの期待もある。

地球外から地球に生命体自体がやってきたというだけでなく、生命体のもとになりうるアミノ酸や核酸などの物質が宇宙から来て、地球でさらに化学進化を経て生命が誕生したとする説もあり、期待する考えも広まっている。

地球には多くの隕石が日常的に降り注いでおり、そのような隕石に生命のもととなる有機化合物、特にアミノ酸や核酸の存在が注目され、多くの科学者により分析が行われている。特に、1969年オーストラリアのビクトリア州マーチソン村に飛来したマーチソン隕石は有名で、グリシン、アラニン、グルタミン酸などのアミノ酸が見つかっている。地球起源のアミノ酸による汚染の可能性が低いと考えられる南極の隕石からもアミノ酸が見つかっている。このことから、生命体が宇宙からやってきたかどうかは明らかでないが、生命の基本となるアミノ酸が宇宙からやってくる可能性は否定できない。

さらに2020年、我が国の宇宙探査機「はやぶさ2」が小惑星「リュウグウ」の土を採取し地球に戻ってきた上、その土の中から生命の痕跡の可能性があるアミノ酸などの有機物質が検出されたことは記憶に新しい。

地球外生命の痕跡を知るために、可視光だけでなく赤外線や紫外線などあらゆる波長の光を感受できる超大型望遠鏡や人工衛星型の望遠鏡など最先端の方法を駆使した観測が行われ、惑星の観測技術も進歩し、今では5000個以上の惑星が見つかっているが、果たして、地球外生命体の存在を確認する日は来るのだろうか。

生命誕生後の生物の進化

化学進化ののち38億年前に誕生した原始生命は、何らかの膜構造に囲まれた高分子を用いて生命代謝につながる活動を行っていた。その後、タンパク質、DNA、RNAを用いて子孫を残すことのできる原核細胞が誕生した。これを共通の祖先として原核生物である細菌と古細菌のグループに分かれ、古細菌からは真核生物が枝分かれした（図1－3）。生物を最も大きく分類する方法では、細菌ドメイン、古細菌ドメイン、真核生物ドメインの3つのドメインに分類されている。細菌ドメインには黄色ブドウ球菌、大腸菌、結核菌など一般的な細菌が属している。古細菌ドメインには好熱性細菌、高度好塩菌、メタン菌などの特殊な菌が属している。真核生物ドメインには動物や植物などが含まれる。

細菌や古細菌は、環境中の無機物質を利用してエネルギーを生産して生きる化学合成独立栄養生物として繁栄した。その頃の地球大気中には酸素は存在せず、二酸化炭素が高濃度に存在していた。やがて原核細胞の一部から、太陽の光を利用して二酸化炭素と水を原料に光合成を行い自らエネルギー源となるグルコースを作り出すことのできるシアノバクテリアが誕生した。このような能力を持つ生物を光合成独立栄養生物と呼ぶ。

シアノバクテリアは、世界中の海洋で繁栄し盛んに光合成を行い、二酸化炭素と水からグルコースを生産し副産物として酸素を放出した。その結果、地球大気中に酸素が誕生することになった。シアノバクテリアの存在は、10億～6億年前の化石であるストロマトライトとして明らかになった。スト

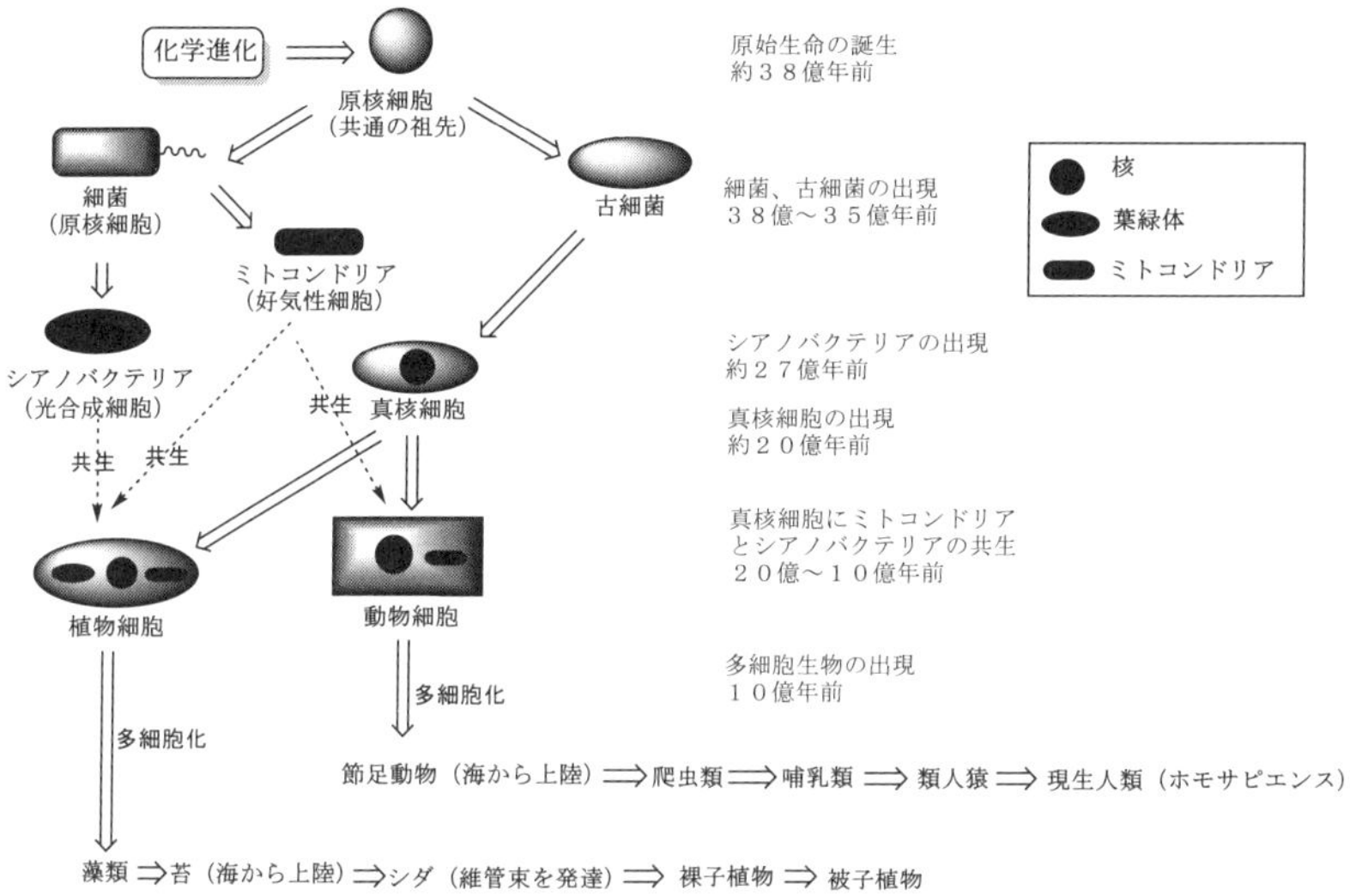

図 1–3　化学進化を経て共通の祖先である原核細胞が誕生し、原核生物である細菌と古細菌へ枝分かれした。古細菌からは真核生物が枝分かれした。真核生物にミトコンドリアが共生して動物細胞が誕生し、同様に真核生物にシアノバクテリアが共生して植物細胞が誕生した。10 億年前頃には多細胞生物が誕生し、5 億年前頃には植物の、4 億5000 万年前頃には動物の上陸が始まったといわれている。その後、大量絶滅などの困難を乗り越えて生命溢れる地球が誕生した。

ロマトライトはシアノバクテリアのコロニーの死骸に炭酸塩などが付着し、層状の構造物になったものである。オーストラリア西部のシャーク湾で、ドーム型の生きたシアノバクテリアにより形成されているストロマトライトが発見されている。シアノバクテリアは藍藻とも呼ばれ、今でも海や淡水域で繁栄している。

高い酸化能力を持つ酸素は生物に有害なものであるが、この強い酸化作用を利用して呼吸を行い、有機物から効率的にエネルギーのもととなるATP（アデノシン三リン酸）を取り出すシステムを進化させた好気性細菌が誕生した。

原核生物は遺伝子が細胞質中に分散して存在する単純な構造をしているが、遺伝子を膜で保護することでより高い機能を持った真核生物が古細菌から分かれて誕生した。真核生物に酸素を用いて効率的にエネルギーを生産することのできる好気性細菌の仲間であるミトコンドリアが共生することで、高い代謝を行うことが可能となり動物の祖先生物が誕生したと考えられている。一方、ミトコンドリアが共生した真核生物に、さらに光合成細菌であるシアノバクテリアが共生し植物の祖先生物が誕生した。これらの細胞から進化して多細胞生物が誕生したのは、諸説あるが10億年ぐらい前で、6億年前頃に、地球の温暖化などによりさらに効率的な生体機能を持つ多彩な生物に進化したと考えられる。その後5億5000年くらい前のカンブリア爆発と呼ばれる生物進化の大爆発で、現在の生物のほとんどの祖先が誕生したといわれている。

宇宙線や紫外線の障害を逃れるため生物は海で生活し進化してきたが、酸素の濃度が高くなりオゾン層が誕生して、有害な宇宙線や紫外線が遮蔽されることになった。その結果、地上での生物の生存が可能となり、植物である苔類が5億年前頃に地上に進出した。これに遅れて4億5000万年前頃に節足動物が陸に進出したと考えられている。多細胞生物の誕生以降、過去に5回の大量絶滅があった。それぞれの大量絶滅の後、一部の生物はたくましく生き残り、新しいニッチ（生物圏）を作り出して進化を続けてきた。その最後の大量絶滅が起きたのが白亜紀末期の6600万年前、メキシコ・ユカタン半島に衝突した小惑星によるものといわれている。

この大絶滅をかろうじて生き延びた生物から進化した植物、動物、微生物により現在の緑豊かで生命の溢れる地球が誕生した。特に、当時の地球を支配していた恐竜が絶滅することで、脇役としてひそかに生きていた哺乳類が表舞台に現れ、6500万年の時を経て大進化をすることで、30万年前の我々現生人類（ホモサピエンス、*Homo sapiens*）の誕生につながった。

現在の地球生命の繁栄には、地球上の生物に起こったいくつかのイベントが大きく関係している。年代順に追っていくと、シアノバクテリアの誕生、好気性細菌（ミトコンドリア）の誕生、真核生物の誕生、真核生物へのミトコンドリアやシアノバクテリアの共生、多細胞生物の誕生、植物・動物の陸上進出と複数回の大量絶滅であり、これらがなければ今のような地球も我々人類も生まれていなかったと考えられる。

地球にはどれぐらいの種類の生物が生活しているのだろうか。地球上の生物種の数は300万から1億と幅広い数が推定されていたが、2011年の国連環境計画（UNEP）の発表によれば約870万種と推定されている。そのうち確認（分類）されているのは約175万種といわれており、地球で生きている生物の80%がまだ見つかっていないことになる。870万種の生物のうち、動物が

７７７万種、植物が約30万種、菌類が61万種余りと推定される。動物の種の数が圧倒的であるが、その70％が昆虫と考えられており、生物種の数では地球はまさに昆虫に支配されていることになる。

確認されている生物で、地球上で最も存在感のあるヒトを頂点とする哺乳類の種の数は意外と少なく、世界中でわずか約５５００種に過ぎず、鳥類の１万４２５種、爬虫類の１万38種、魚類の３万２９００種、両生類の７３０２種と比べても数の上では弱小勢力ということになる。しかも、哺乳類は目につきやすく、ほとんどが発見済みで、今後新種が発見される可能性も低い。ちなみに、日本における哺乳類はわずか１２７種となっている。ヒトを含めた哺乳類は、地球上で生き延びていく生物種としては比較的弱い立場にいるようで心細い感じがする。

図１－４に示すように植物は太陽の光をエネルギー源として、光合成により二酸化炭素と水を原料にしてグルコースを生産する。このグルコースが出発物質となり各種生物による食物連鎖を経て、それぞれの生物は呼吸することにより生きていくためのエネルギーを獲得することができる。地球上の動物、植物、微生物の姿かたちは違っているが、生命を維持するための基本的な代謝系としては同じ一次代謝を行っている。一次代謝では、光合成で合成されたグルコースを出発物質として解糖系やクエン酸回路などの代謝経路を経て、アミノ酸、タンパク質、核酸、脂質、糖などが供給され生物は生存し繁栄している。つまり、地球上の生物は基本的に、植物の光合成によって駆動されている炭素循環に依存して生かされているのである。植物、動物などの好気性生物は、呼吸鎖を通して効率的にＡＴＰを合成し、生命活動のエネルギーとして利用することで進化し繁栄してきた。

一次代謝で生産されるアミノ酸やアセチル－CoA、ピルビン酸などを用いて二次代謝が行われる。

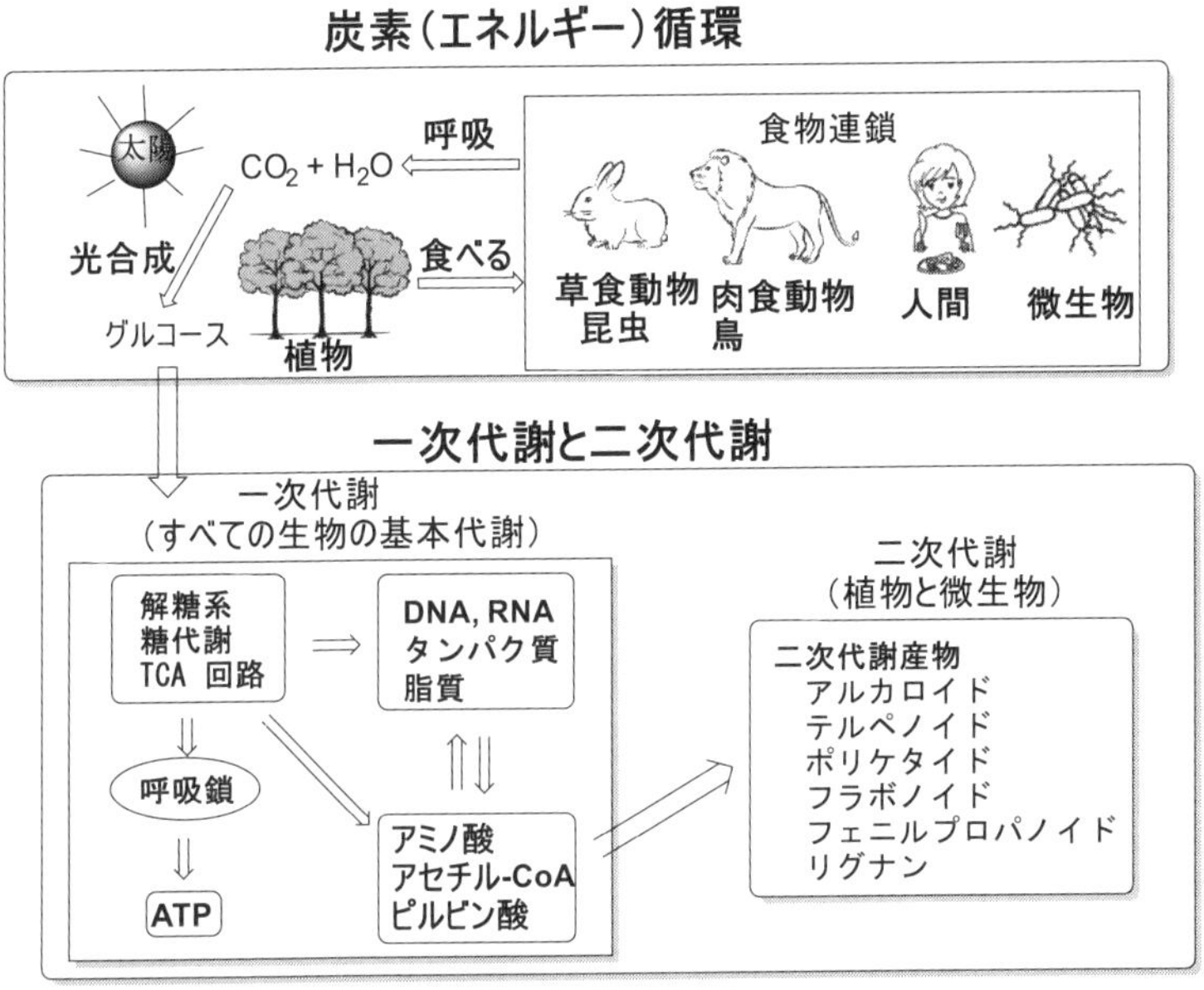

図1-4　植物が光合成により生産したグルコースを出発物質として、生物が必要とする有機化合物が生産される。他の生物は食物連鎖でこれを利用することで生きている。すべての生物は生命維持のために共通の一次代謝を行っている。植物と微生物はさらに二次代謝を行って、多彩な有機化合物を生合成して生存に利用している。

二次代謝は、動物にはない代謝系で、植物および微生物によって行われている。特に、大地に根を張り動かないで生きていく植物にとってはなくてはならない化学戦略である。植物により生産される二次代謝産物は、植物ホルモンとして、他の植物との生存競争に打ち勝つための道具として、病原微生物の感染を防ぐための抗菌物質として、草食動物や昆虫による食害を防ぐための防御物質として、さらには他の生物との共生を行うためのシグナル物質としてなど多彩な機能を持っている。これら二次代謝物質には何らかの生理活性があるため、昔から我々人類はしたたかにも医薬品、香辛料、味覚物質、色素、健康食品などとして用い生活を豊かにしている。詳しくは前著『人の暮らしを変えた植物の化学戦略』をご参照いただきたい。

column 1

共生

真核細胞に酸化的リン酸化を行うミトコンドリアが共生して、細胞のエネルギー生産能力が大きく向上し動物細胞が誕生し、さらに光合成を行うシアノバクテリアの共生で植物細胞が誕生した。このような共生がなければ植物や動物が誕生することはなく、今の生命に溢れる地球はなかったと考えられる。原核細胞が核膜を持つことでより高機能な真核細胞への進化も、原核細胞へ別の原核細胞が共生して誕生したとの説を唱える科学者もいる。生命進化の初期の段階でさまざまな共生現象が起こり、それが動物や植物などの高等生物誕生のきっかけとなっていたというわけだ。現在の自然界でも、多くの生物がいろいろな形の共生を行うことで繁栄することができている。

しばしば共生の例として取り上げられるものでは、植物や動物と微生物の共生が特に有名である。動物や植物が生きていくためには、タンパク質や核酸など窒素化合物が必須である。しかし、大気中に78％もの窒素分子が存在するにもかかわらず、動物はもちろん多くの植物も、化学的に安定な窒素分子を窒素化合物に変換して利用することはできない。マメ科の植物は、根粒バクテリアと共生をすることで窒素化合物供給を受けている。マメ科の植物の根が放出するフラボン誘導体がシグナル物質となり、根粒バクテリアがマメ科植物の存在を知り、マメ科植物に感染しその根に作られる根粒組織に生息する。根粒バクテリアはニトロゲナーゼという酵素を用いて、大気中の窒素分子からアンモニアを合成する。このアンモニアを植物に供給し、植物はこれを窒素源として用いる。一方、植物からは光合成で生産した有機化合物が根粒バクテリアに提供され、お互い持ちつ持たれつの関係を形成している。また農地では、マメ科植物をマルチとして使用することで、土中の窒素濃度を高め、他科作物の育成に役立てることも行われている。

同じ微生物でも、菌根菌と呼ばれる菌類は、ほとんどの植物と共生することにより、土壌中の窒素、リン酸、カリウムなどの無機栄養成分を吸収し、植物による摂取を助けることで多くの植物の良好な成長を可能にしている。植物は光合成で生産した有機化合物を菌根菌に与えることで、お互いにウィンウィンの関係を維持して繁栄している。菌根菌の仲間である菌の子実体が高級食材のトリュフやマツタケとして我々に恩恵を与えてくれている。

我々の体内にも、多くの微生物が棲んでいるといわれている。特に、ヒトと腸内細菌との共生はよく知られており、我々の生存にとっても重要であることが明らかになっている。いわゆる善玉菌といわれる腸内細菌は、食べたものの消化を助け腸の調子を整えてくれるだけでなく、ビタミンCやアミノ酸などを供給し、免疫力の強化など多くの面でも我々に恩恵を与えてくれている。昆虫も、我々哺乳類と同じように消化管などに微生物を共生させることで、摂取した食べ物の消化を助けてもらい、生命活動を有利にしている。

地衣類は菌類の仲間で、藻類と共生することで光合成を行ってもらい炭水化物の供給を受ける。動物と光合成細菌の共生としては造礁サンゴの褐虫藻との例が知られている。サンゴは共生する褐虫藻が盛んに光合成して炭水化物を供給してもらうことで成長している。しかし、異常に高い水温が続くと、共生している褐虫藻がサンゴから離脱するため、サンゴは栄養補給ができなくなり死んでしまい、白化という現象が起こる。最近では、沖縄の海域で起こった白化現象がニュースになるなど、地球温暖化の影響として環境問題になっている。無脊椎動物であるウミウシの一部のものは、褐虫藻を体内に共生させることで、光合成を行ってもらい栄養を獲得する方法を利用している。

ハテナという単細胞の原生動物は、藻類を取り込み、その葉緑体を利用して光合成を行い、有機物を獲得してエネルギー源としている。この姿は、まさに真核細胞にシアノバクテリアが共生し植物細胞が誕生した姿を髣髴とさせる。

我々ヒトや雑食動物などはデンプンを消化する酵素であるα－グルコシダーゼを持っているが、β－グルコシド結合でつながった丈夫な構造を持つセルロースを消化することができない。植物はセルロースが主要な構成物であるため、我々人間は野菜のように改良された植物資源以外の、牧草のような植物は消化吸収できない。ウシやヒツジなどの草食動物は、植物のセルロースを栄養源として大きな体を維持している。これは彼らが共生する微生物の助けを借りセルロースを消化して栄養とすることができるからである。ウシなどの反芻《はんすう》動物は4つの胃を持ち、そこにβ－グルコシダーゼを備え、セルロースを加水分解する能力のある微生物を共生させることでこれを可能にしている。それでもウシやウマは食べた草を消化するために長い時間をかける。

人類がここまで進化したのには、ある種のウイルスによる感染が関係している可能性がある。現実にヒトの遺伝子にはウイルスの遺伝子と共通部分が多くあり、ウイルスにより持ち込まれた遺伝子の一部がヒトの進化に大きく寄与したと、一部の科学者が主張しているのだ。例えば、哺乳類のみが持っている胎盤は、感染したレトロウイルスの助けにより進化したものであることが遺伝子解析から科学的に明らかになっている。

column 2

人類の大いなる旅路

グレートジャーニー（Great Journey）という言葉を聞いたことがある人もいるのではないか。この言葉は「大いなる旅路」と訳され、アフリカで誕生した現生人類（ホモサピエンス）が、数万年という短い時間に世界の隅々まで広がっていった壮大な移動の旅のことを示しており、イギリスの考古学者ブライアン・フェイガンによって名付けられた。

ヒトの祖先は、アフリカで７００万年前にチンパンジーから分かれて類人猿に進化した。その後二足歩行を始めると、手でいろいろな作業を行うようになった。１９７４年、エチオピアで比較的良好な状態で発掘された人の化石は、３２０万年前頃に生きていた女性のものであることがわかり、アウストラロピテクス・アファレンシス（アファール猿人）と命名された。脳の容量はチンパンジーと変わらないが直立二足歩行を行っていることが明らかで、類人猿からヒトへの進化の過程をつなぐ人類の祖先として注目された。ビートルズの楽曲「ルーシー・イン・ザ・スカイ・ウィズ・ダイアモンズ」にちなんでルーシーと名付けられたことは有名である。

二足歩行を行い両手が自由に使えるようになることで、新しい機能を持ち始め原人といわれる新しい種に進化していった。いろいろな種の原人が誕生し多くが絶滅したが、ホモサピエンスにつながる旧人と呼ばれる種が生き延びた。その中には有名なネアンデルタール人（*Homo neanderthalensis*）などもいる。現在地球に棲んでいる現生人類であるホモサピエンスは20万～

30万年前にアフリカで誕生し、ネアンデルタール人にやや遅れ5万年前頃にはアフリカを出てヨーロッパやアジアへ進出した。ヨーロッパではネアンデルタール人とホモサピエンスが共存した時期もあるが、ネアンデルタール人は絶滅してホモサピエンスが唯一の人類として生き残り世界に広がっていった。ネアンデルタール人がなぜ絶滅したかの原因は諸説あるが、確かなことはわかっていない。

アジアに進出したホモサピエンスは東南アジアや東アジアにも広がり、インドのインダス文明や中国の文明の開化につながった。最終氷期で現在より海面が100メートルぐらい低くなっていたため一部の陸地や島が地続きになり、また海峡が狭くなった南アジアに進出したホモサピエンスは、インドネシアの島伝いにオーストラリアに進出してアボリジニとして、さらに南太平洋の島々に広がっていった。

アジアへ進出した狩猟民族であるホモサピエンスの一部は、マンモスなどの大型哺乳類を追って、極寒のシベリア北東部にまで移動した。当時、地球寒冷化で多くの海水が凍り海の水位が極 端に低くなり、シベリアとアラスカを隔てるベーリング海は陸続きとなっていたため、人々はアラスカに移動し、海沿いの氷の少ない地域を南に下り北アメリカ大陸の南部に広がっていった。そこでアメリカ先住民として定住した。その後、比較的短い間に中央アメリカから南アメリカに広がり、最南端パタゴニアまで到達している。中央アメリカではマヤ文明やアズテカ文明が、南アメリカではインカ文明などが栄えたが、ヨーロッパ人の進出により滅びることになった。

このように、アフリカから出発して数万年という比較的短い期間で行われた壮大な旅路の結果、人類は南極を除くすべての地域に広がっていった。地球上の人類はすべてアフリカで誕生したヒトの子孫で、1つの種であるホモサピエンスに分類される。人間は、肌の色が違い、体格が違い、その風貌が異なっていても、生物学的には同じ種に属する仲間であり、遺伝子分析の結果からもこのことが証明されている。人間以外に1つの種が世界中に広まっている生物はないのではないだろうか。それは、ホモサピエンスという種が能動的な性格と知恵を持っていたためと、最終氷期という地球気象イベントで海の水位が著しく下がり、多くの地域で大陸や島々が地続きになっていたことによるものと考えることができる。

南北アメリカ大陸にはゾウのような大型哺乳類が生息していないのは、アジアから移ってきた人類による狩猟で絶滅したからと考えられている。もし、この地球の最終氷期がなかったらアメリカ大陸へ人類が進出することはなく、南北アメリカ大陸では大型の哺乳類が人類による絶滅を免れて生息し、生態系は大きく変わっていたと考えられる。

第2章 ホモキラリティー

生物の体内では複雑な代謝に関わる化学反応が行われることで生命活動が維持されており、そこで働いている酵素や受容体などとしてタンパク質が重要な役割を担っている。また我々の体を構成する筋肉や皮膚、臓器、神経などにおいてもタンパク質が重要な構成要素となっている。このように生物が生きていくために最も重要な生体成分であるタンパク質は、アミノ酸で構成されている。また遺伝やタンパク質合成に重要な働きを持つ核酸には、デオキシリボースやリボースなどの糖が用いられている。これらアミノ酸や糖は三次元構造を持ち、お互いに鏡像関係となる鏡像異性体（エナンチオマー、enantiomer）が存在する。生命活動を順調に行うために、鏡像異性体の一方のみを用いる生命のホモキラリティー（homochirality）と呼ばれる現象が存在する。「ホモ」は「同一」、「キラリティー」は「不斉（鏡映異性）」の意味である。

本章では、ホモキラリティーの起源から生命誕生に果たした役割までを見ていこう。地球の生物では、タンパク質の構成にはL-アミノ酸が、核酸を構成する糖はD-糖が用いられている。アミノ酸や核酸の生命活動に関わる有機化合物においてホモキラリティーが維持されていることが、生命誕生

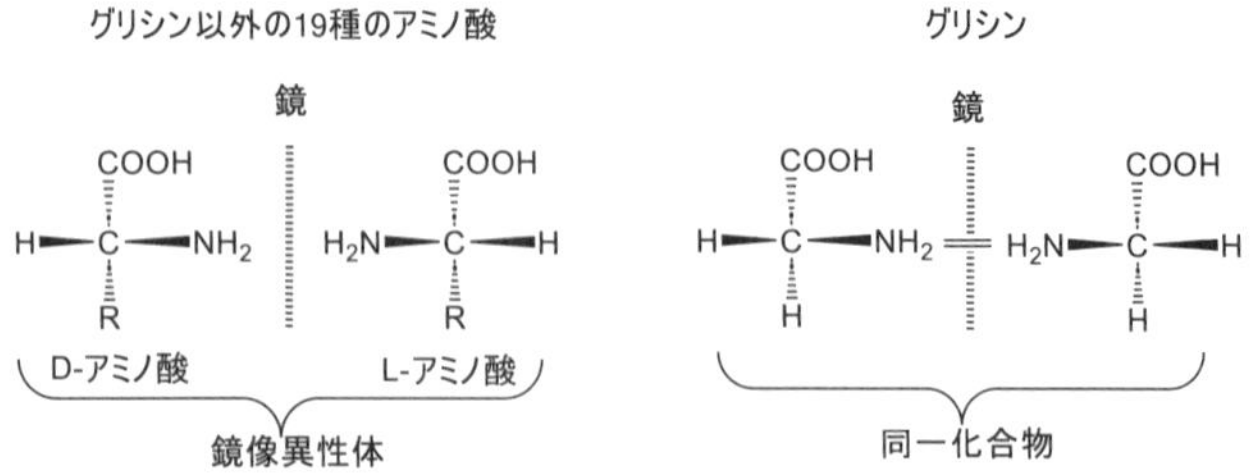

図 2−1　グリシンは不斉炭素を持たないため鏡像異性体は存在しない。他のアミノ酸は側鎖（R）が水素以外の置換基で不斉炭素が存在するため L−アミノ酸と D−アミノ酸が存在するが、地球の生物は L−アミノ酸だけを用いている。

とその進化を後押ししたと考えられている。

生命活動に必須のホモキラリティー

我々生物にとって重要な生体成分は、アミノ酸や糖など、炭素骨格を基本とする有機化合物である。その中心となる炭素原子は有機化合物を形成するために等価な４つの結合軸を持っている。炭素に結合する４つの置換基が異なる場合を不斉炭素といい、これを持つ有機化合物ではお互いに実像と鏡像の関係の鏡像異性体が存在し光学活性となる。このような現象を不斉（chiral）と称する。不斉炭素、鏡像異性体などに関しては次章で詳しく述べる。

生物の基本的生命維持のための生理反応を行う上で欠くことができない酵素はタンパク質で、多数のアミノ酸が重合したものである。地球のすべての生物では、タンパク質を構成するために同じ20種のアミノ酸が用いられている。グリシンは不斉炭素を持っていないため鏡像異性体が存在しないが、他の19種のアミノ酸では側鎖（R）が水素原子以外の置換基のため不斉炭素が存在する

（図２－１）。理論的にはお互いに実像と鏡像の関係にある鏡像異性体である左手型のＬ－アミノ酸と右手型のＤ－アミノ酸が存在するが、地球のすべての生物ではなぜかタンパク質の構築にＬ－アミノ酸のみが用いられている。

このように、２つの鏡像異性体の一方のみを用いる現象を生命のホモキラリティーと呼ぶ。どうして地球上のすべての生物が同じＬ－アミノ酸を用いるホモキラリティーを発展させることになったのかは、生命誕生の起源と同様に興味ある大きな謎である。しかし、ホモキラリティーの確立は生命誕生と相前後していたことは間違いがないものと考えられる。

アミノ酸だけでなく、タンパク質の構造に関する遺伝子情報を子孫に伝えるデオキシリボ核酸（ＤＮＡ）やタンパク質合成において重要な働きを担うリボ核酸（ＲＮＡ）は、糖であるデオキシリボースやリボースが結合して機能している。ここでも、地球上のすべての生物が、デオキシリボースやリボースとしては共に右手型のＤ－体のみを用いるホモキラリティーが維持されている。

また、植物の光合成により生産されるグルコース（ブドウ糖）は地球上の生物のエネルギー（炭素）循環の出発物質となっている。そのグルコースはＤ－グルコースで、天然にはＬ－グルコースは存在していないし、生命活動に重要な多くの糖類も基本的にＤ－体でホモキラリティーが維持されている。

地球生物は、タンパク質に関わるアミノ酸には左手型のＬ－体のみを用い、一方、糖に関しては右手型のＤ－体のみを用いている。図２－２にこれら重要な生体成分のホモキラリティーの例を示す。

ホモキラリティーは、ホルモンであるステロイド誘導体や脂質などでも見られ、生命維持に必須の

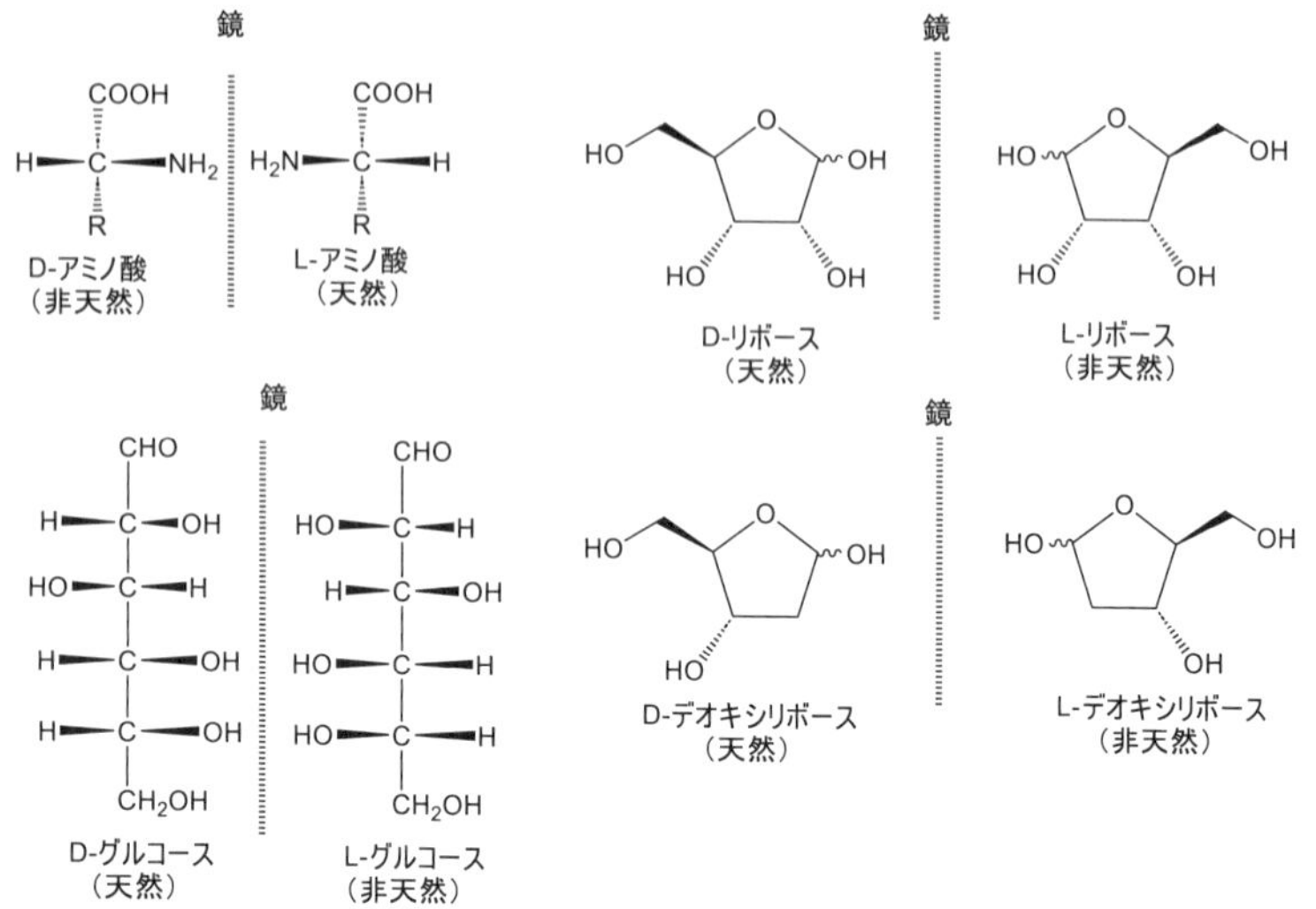

図 2-2　タンパク質を構成するアミノ酸のうち、グリシン以外の 19 種のアミノ酸は光学活性を持ち、すべてが L-アミノ酸である。生物の遺伝やタンパク質合成に働く DNA や RNA の構成糖は D-デオキシリボースおよび D-リボースである。また、地球生物のエネルギーの源となるグルコースは D-グルコースである。

有機化合物は基本的にホモキラリティーが維持されている。

生命誕生に際して、アミノ酸やデオキシリボース、リボースのL‐体とD‐体同士は化学的・物理的な性質はまったく同じであるため、どちらの鏡像異性体が用いられるかのチャンスは50：50であるが、地球生命においてはL‐アミノ酸あるいはD‐デオキシリボースとD‐リボースが選択され用いられている。

生命活動の鍵となるタンパク質の構成アミノ酸がL‐アミノ酸のみであるため、多数のアミノ酸が重合した酵素タンパク質や受容体タンパク質は高度に不斉な高次構造になっている。そのため、外部から取り込まれる化学物質がどちらの鏡像異性体であるのかを人体は厳しく識別しており、鏡像異性体の三次元構造である立体配置の違いは薬の有効性や副作用と深く関わっている。そこで、医薬品の立体配置は確実に決められ、活性を持つ一方の鏡像異性体のみが用いられる。また、分離された生理活性天然物や合成化合物の立体配置がどちらの鏡像異性体であるのかを特定することが必須となっている。

なお研究や教育段階では、有機化合物の構造を二次元の紙面に記載して議論することになり、高度な三次元構造を持つ有機化合物について議論するためには多くの約束事やルールが必要になってくる。その結果、有機化学の一つの領域として有機立体化学（Organic stereochemistry）という学問領域が誕生した。立体化学とは、三次元空間の化学（Chemistry in three-dimensional space）で、有機化学の分野だけでなく、生化学、薬理学とも関連し、医薬品の開発関連では必須の学問領域になっている。有機立体化学は、第4章にて詳しく紹介する。

ホモキラリティーの起源は今でも謎

アミノ酸を化学反応（非生物的）で合成する場合、生産される2つの鏡像異性体であるL－アミノ酸とD－アミノ酸の存在確率が50：50のラセミ体が得られる。しかし生命誕生のためにはホモキラリティーが必須の条件と考えられる。生命が関わらない条件下でいかにしてホモキラリティーが誕生したかについては、多くの研究者により仮説が提出され実証するための実験も行われているが、確実なことはほとんど明らかになっていない。

現時点では、アミノ酸のラセミ体が作られた後、偶然何かの理由でD／L－アミノ酸のうちL－アミノ酸がわずかに過剰になり、その後不斉増殖により鏡像体過剰率（enantiomeric excess〔ｅｅ〕）が増し、長い時間をかけL－アミノ酸の世界が誕生したという考えが共通認識になっている。ｅｅは2つの鏡像異性体の多い方から少ない方のモル分率を引いたものを、両鏡像異性体を足したモル分率で割った値となる。例えば、ｅｅが80％のときは、両鏡像異性体の存在比は90：10となり、ｅｅが20％のときは、存在比は60：40となる。なお、ｅｅは光学純度とも呼ばれ、反応の結果のｅｅは不斉収率と呼ばれる。

ホモキラリティーの誕生には一方の鏡像異性体が過剰になる必要がある。生命誕生に主要な役割を担ったアミノ酸の最初の不斉の偏りがどのように生じたのかに関しては、大きく分けて地球起源説と宇宙起源説がある。

2つの起源説

地球起源とする考えには次のような説がある。水晶など一部の鉱物の結晶では、お互いに実像と虚像の関係にある左右の半面像を持つ結晶が自然に形成されるが、このような不斉の結晶上ではD／L－アミノ酸のうちD－アミノ酸がより多く分解等の反応を受け、比率に偏りが生じL－アミノ酸がわずかに過剰になる可能性が考えられる。最近では、地球の自転によって生じる海水の渦が右巻きか左巻きかで不斉が誘導されるとの説もあり、実験的に証明しようとする研究も行われている。

宇宙飛来説として注目を集めているのは、マーチソン隕石からアミノ酸が見つかり、L－アミノ酸がやや過剰（ee 1～2％）であったことが報告されていることである。この事実から、地球外でL－体過剰アミノ酸が作られ流星や隕石などと共に地球に飛来し、不斉増殖によりL－アミノ酸のホモキラリティーが誕生したとの考えである。そして、宇宙ではどのようにしてL－アミノ酸が優位な状況が生じたかの点については以下のような考えがある。分子雲中で、水、二酸化炭素、アンモニア、メタンなどに宇宙線や紫外線などが照射され、ラセミ体のアミノ酸が合成される。これに中性子星などが発する強い円偏光が照射されることによりD－アミノ酸がより優先的に分解され、L－体過剰のアミノ酸が誕生したという考えである。ちなみに、通常の光は右円偏光と左円偏光からなる平面偏光である。恒星の一生が終わる超新星爆発で生じた高い密度を持つ中性子星が、一方向の高速回転を行うことで一方の円偏光を放射すると考えられている。

しかし、一部のアミノ酸がL－体になったとしても、すべてのアミノ酸がL－体になる蓋然性が認められないとの意見もある。これに対して、ラセミ体のアミノ酸にL－体過剰の別のアミノ酸を加えて結晶化させると、ラセミ体からL－体過剰のアミノ酸を結晶化することができたとの報告がある。このことから、一部の過剰のL－アミノ酸がもととなり、他のL－アミノ酸の結晶化を促しL－アミノ酸の世界が誕生したのではないかという考えが提唱されている。

宇宙におけるホモキラリティーの必然性

素粒子物理学の分野では、物質間に働く4つの力として電磁気力、重力、強い力、弱い力が知られている。お互いに鏡像関係にある空間で起こる現象は同じであるというパリティ対称性が破れることにより、４つの力のうちの素粒子間に働く弱い力に影響し、鏡像異性体間の安定性にわずかな差が発生し、一方の鏡像異性体がわずかに過剰に生産される。この結果として宇宙はＬ－アミノ酸、Ｄ－リボース、Ｄ－グルコースが過剰となる必然性が生じ、ホモキラリティーが誕生したという説もある。

いろいろな仮説が立てられ、その証明のために各種実験は行われているが、Ｌ－アミノ酸だけでなく、Ｄ－リボースやＤ－デオキシリボース、Ｄ－グルコースなど多くの生体成分のホモキラリティーがいかにして誕生したのかを説明するためには多くの疑問があり、相変わらず謎が残ったままである。

ホモキラリティー完結に必須の不斉増殖

先に述べたように、最初のホモキラリティーのきっかけには諸説あるが確かなことはわかっていない。しかし、何かのきっかけで鏡像異性体にわずかな偏りが生ずれば、その後は不斉増殖によって不斉の偏りが大きくなりホモキラリティーが達成されるであろうというのが科学者の一般的な理解である。そのため、わずかな不斉の偏りからホモキラリティーにつながる不斉増殖を化学的に証明しようとする研究は広く行われており、以下のような肯定的な結果が得られている。

不斉を持たないニトロソベンゼンとプロピオンアルデヒドによるアミノ化反応で、ｅｅが40％のＬ－プロリンを触媒として用いて反応を行うと、得られたアミノ誘導体のｅｅが55％となり、触媒のＬ－プロリンより不斉収率が15％高い生成物を得ることができた。このことから、用いられる触媒が何がしかのｅｅを持っていれば、反応を繰り返すことによりｅｅの高い物質を得る不斉増殖の可能性

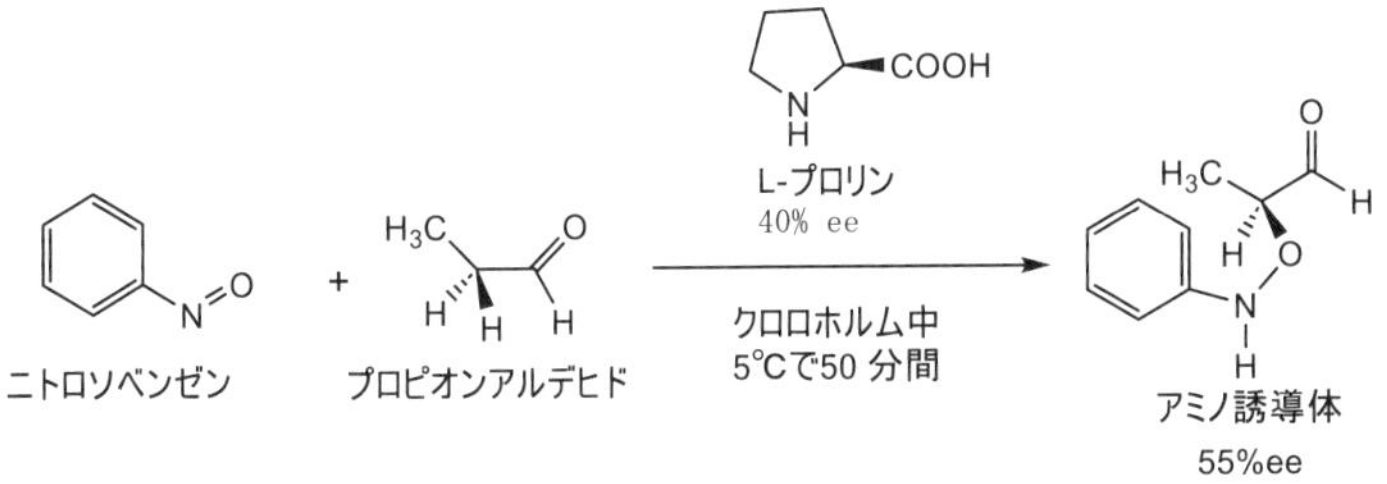

図2−3　不斉を持たないニトロソベンゼンとプロピオンアルデヒドとを用いる反応で、ee が 40%のL−プロリンを触媒として反応すると、ee が 55%の生成物が得られる。

が示された（図2－3）。

　不斉を持たない原料にｅｅがわずかな生成物を加えて反応を行うと、不斉を持つ生成物自身が触媒として働くことで、反応が進むにつれてｅｅが大きくなり、最終的には生成物のｅｅが大きく改善された例が我が国の研究者により報告されている。反応の成功例として図2－4を示す。不斉を持たないピリミジンカルボアルデヒドとジイソプロピル亜鉛を反応させて不斉炭素を持つピリミジルアルカノール誘導体を生成する反応で、低いｅｅを持つピリミジルアルカノール誘導体を加えると不斉自己触媒として働き、高いｅｅを持つピリミジルアルカノール誘導体が得られる。

　このように、何らかの現象でＬ－アミノ酸がわずかな偏りを持って存在するようになれば、不斉自己増殖などにより長い時間を経てＬ－アミノ酸の世界が誕生する可能性が高いのではないかといわれている。しかし糖のホモキラリティーはどのように誕生したのかなどを含め、これらの考えや実験事実もホモキラリティーの起源を確実に証明できていない。

　わかっているのは、図2－5に示すように、化学進化で生まれたアミノ酸などの鏡像異性体間に何らかの原因で存在比の差が生じ、

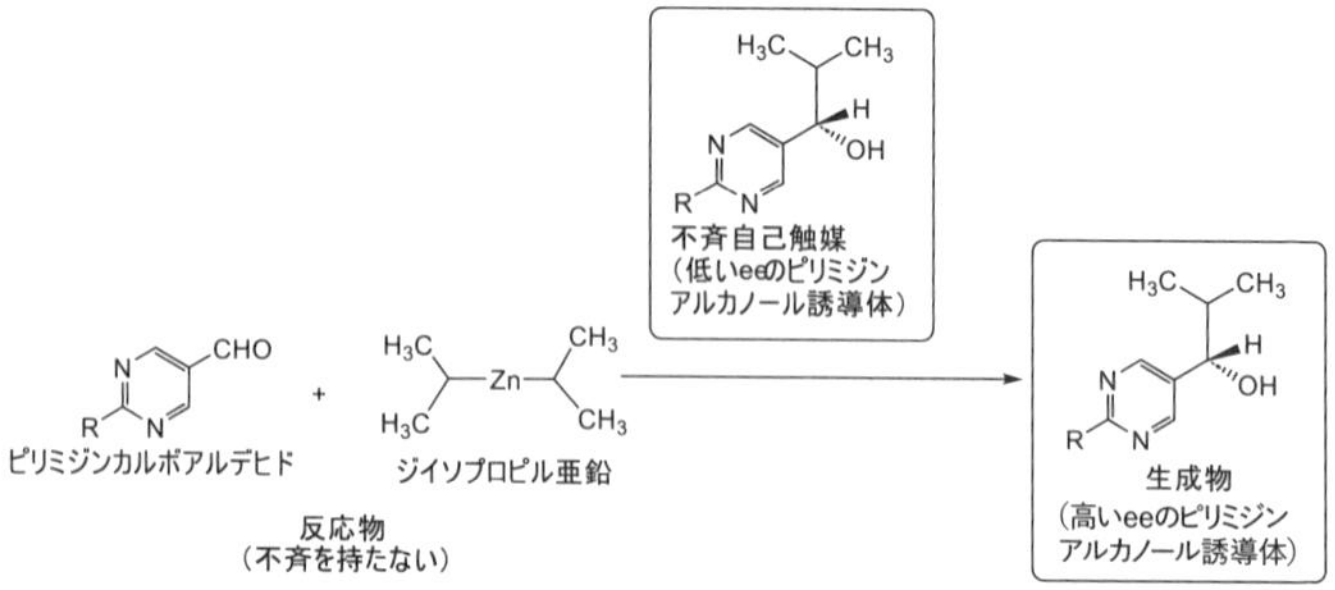

図 2-4　不斉を持たないピリミジンカルボアルデヒドとジイソプロピル亜鉛を用いて反応を行うとき、低い ee を持つピリミジルアルカノール誘導体を不斉自己触媒として加えると、高い ee を持つ生成物が得られる。

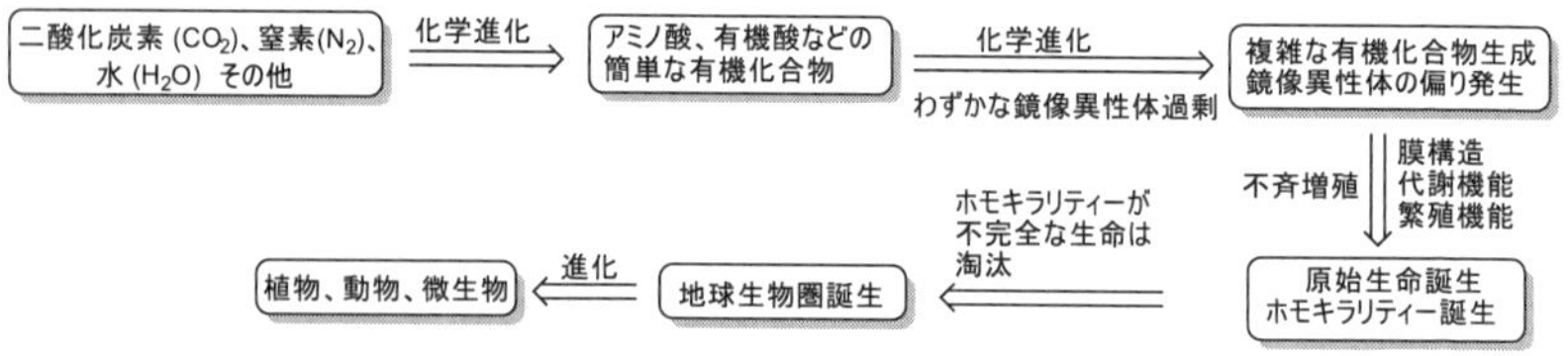

図 2-5　無機物質から化学進化により複雑な有機化合物になる過程で、アミノ酸などに鏡像異性体過剰が起こり、原始生命が誕生する頃には生体成分にホモキラリティーが確立された。

不斉増殖でＬ－アミノ酸のｅｅが大きくなると共に生命のもととなる分子の高分子化と膜構造が形成されたことである。そして、ホモキラリティーは生命誕生に相前後して確立してきたものと思われる。ホモキラリティーの確立により生物の進化が進行し高い機能を持つ多細胞化が起こり、今のように植物、動物、微生物が繁栄する地球となったと考えられる。

原始生命などの生命誕生の初期では、ホモキラリティーが不十分な生命体も存在していた可能性もある。しかし、ホモキラリティーを確立できなかった生物は、次節で述べるように生存に不利益が生じ淘汰され、ホモキラリティーの確立した生物が生き残り地球の生命圏が誕生してきたと考えられる。ホモキラリティーが確立しなかったら地球生命の繁栄はなかったわけで、それほどホモキラリティーは生命の誕生には大切なものであった。

ホモキラリティーの成立過程

ホモキラリティーの成立過程の考え方を模式的に図２－６に示す。原始大気中の二酸化炭素、窒素、水素、水などの無機化合物を原料に、宇宙からの放射線や紫外線、さらに激しい落雷による放電などのエネルギーによりいくつかのアミノ酸が生成される。これらアミノ酸は、当然ながらＬ－アミノ酸とＤ－アミノ酸が等量含まれるラセミ体である。超新星爆発により放出された円偏光などを原因として、ラセミ体のＤ－アミノ酸の一部が優先的に分解され、Ｌ－アミノ酸がわずかに過剰の状態が生まれる。その後、Ｌ－アミノ酸の不斉増殖が起こり、長い時間をかけＬ－アミノ酸が増えていき、最終的にＬ－アミノ酸のホモキラリティーが誕生してきたと考えられる。

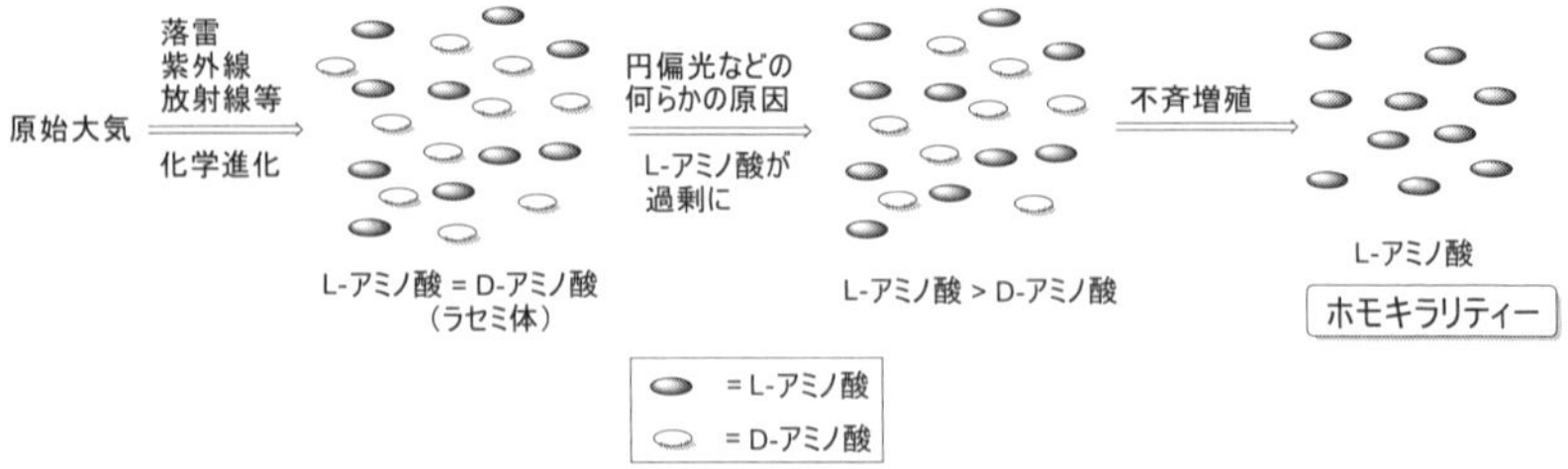

図 2-6　化学進化により生まれたラセミ体のアミノ酸は、円偏光など何らかの現象によりL-体がわずかに過剰となる。その後長い時間をかけ不斉増殖によりL-体が増え、最終的にL-アミノ酸のホモキラリティーの世界が誕生した。

これは、あくまでも仮説であり、確実に証明されているわけではない。しかし、わずかに過剰のアミノ酸の鏡像異性体が引き金になり一方の鏡像異性体の割合が増えていく不斉増殖の例は実験的に証明されている。

ホモキラリティーが起こらなければ地球生命は誕生しなかった

生物が生きていくために必要な生理現象の中心的役割を担っている酵素はタンパク質であり、取り込んだ栄養物を代謝してエネルギーを作り生命維持を担っている。筋肉や皮膚、毛髪はもちろん、医薬品の受容体や味覚、嗅覚の受容体もタンパク質から構成されている。タンパク質は、多数のアミノ酸が重合した高分子化合物である。タンパク質にはアミノ酸配列順序である一次構造、螺旋《らせん》形やジグザグに折り畳まれたα－ヘリックスやβ－シートなどの二次構造、二次構造が折り畳まれた三次構造、さらに複数のタンパク質が集まった複合体である四次構造となり、酵素や受容体として働いている。そのため酵素や受容体は高度に不斉で厳格

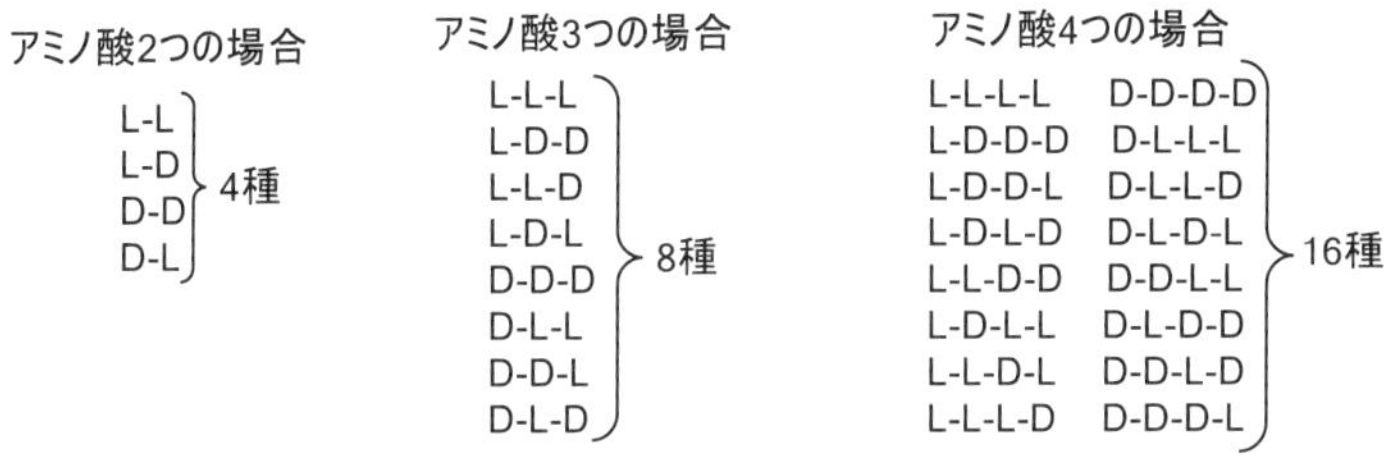

図 2–7　L–アミノ酸（L）とD–アミノ酸（D）が混在するとき、アミノ酸が 2 つ結合すると 4 種、3 つ結合すると 8 種、4 つのアミノ酸が結合すると 16 種の立体異性体が生ずることになる。

な高次構造を維持している。

遺伝情報を子孫に正確に伝えるＤＮＡや、ＤＮＡのアミノ酸配列情報をタンパク質合成へ伝える転写と翻訳現象の主役であるＲＮＡは、塩基と呼ばれる窒素を含有する複素環化合物に糖とリン酸が介在することでつながった重合体である。これをつなげる構成糖は、鏡像異性体の一方のＤ－デオキシリボースおよびＤ－リボースである。ＤＮＡの高次構造は右巻きの二重螺旋構造で、ＲＮＡもそれぞれの役割を果たすため特定の高次構造を維持している。

タンパク質や核酸のようにきちっとした統制のとれた高次構造を持たなければならない高分子重合体において、ホモキラリティーが維持されていないとどのようなことが起こるだろうか。

アミノ酸の重合体を考えた場合、Ｌ－アミノ酸とＤ－アミノ酸が混在してそれらがランダムにつながっていくとき、タンパク質は無数の立体異性体が存在することになる。図２－７に示すように、Ｄ／Ｌ－アミノ酸が混在した状態で２つのアミノ酸がつながったペプチドでは４種類の立体異性体が存在し、３つのアミノ酸がつながったペプチドでは８種類、４つのアミノ酸が結合した場合には16種類の立体異性体が存在する。このように、結合するアミノ酸の数が増えていくと指数関数的に立体異性体の数が増えていくことになる。

Ｌ－アミノ酸とＤ－アミノ酸が共存する状態でｎ個のアミノ酸がつながった重合体であるペプチドやタンパク質の場合、２のｎ乗の立体異性体が存在することになる。タンパク質では１００個以上のアミノ酸が重合しているのが普通である。アミノ酸の数が１００個としても、２の１００乗となり、およそ１・２６７６×10の30乗で１０００兆の１０００兆倍以上の立体異性体が存在する。さらに構成アミノ酸の数が数百と増えれば、膨大な数の立体異性体が存在することになる。もしそうなれば、生命活動に必要な酵素には無数の立体異性体が存在することになり無秩序な状況が生まれる。しかも、１つのタンパク質中にＬ－アミノ酸とＤ－アミノ酸が混在するため、タンパク質の二次構造、三次構造が決まった安定した高次構造をとることは不可能となり、酵素反応などの反応性に揺らぎが生じて安定的な代謝反応を行うことができなくなる。まさにカオスな状態で、生命現象をコントロールすることは不可能だ。

遺伝物質であるＤＮＡにおいても、塩基をつなぐ役割を持つデオキシリボースのＤ－体とＬ－体が混在してランダムに遺伝子に取り込まれると、タンパク質と同様に高分子であるため大きな混乱が起こり、正常な複製現象が行われず遺伝情報を子孫に伝えることが不可能となる。ＲＮＡにおいても同様な混乱が生ずるため特定の求める機能を持ったタンパク質の合成は困難となる。

地球の生物がホモキラリティーを確立しなかったら、生命維持に必須のタンパク質や核酸などの高分子化合物では無数の種類の立体異性体が存在することになり、酵素反応、遺伝子の複製などの反応が入り乱れ、生命活動が大混乱し複雑怪奇で混沌とした生物圏になってしまい、今のような秩序正しい生命活動と地球生命の繁栄はなかったと考えられる。同時に、生命誕生の初期には完全なホモキラリティーを持たない原始生命がいた可能性もあるが、生物として生きて子孫を残していくことは上記の理由から困難なため淘汰されてしまい、ホモキラリティーを獲得した生命体のみが現在の地球の生物に進化することができたのだろう。

今のように緑に溢れ多くの生物が繁栄する地球の生命圏誕生のためには間違いなくホモキラリティーはなくてはならないものであった。No homochirality, no life（ホモキラリティーがなければ生命の誕生はない）は生命科学の常識と考えられている。

第3章 有機立体化学の歴史

科学の歴史の中で有機化学が発展したのは比較的遅く、有機化合物の化学構造に関する議論は19世紀になってようやく花開くことになり、有機化合物の三次元構造に関する概念もほとんど意識されていなかった。しかし三次元空間に生活する我々にとって、有機化合物の分子レベルでの三次元構造を意識しなければならないことが、パスツールなどの若き科学者によって発見・提唱され有機立体化学の必要性が意識されるようになった。

次元と時間の考え方

有機立体化学に関係のある次元についてお話しする。次元という言葉は、「俺とおまえは住む次元が違う」や「異次元の出来事」、「メジャーリーグで活躍する大谷翔平は異次元の選手だ」など普段の会話の中でもしばしば用いられることがある。ここでは次元というものが異なる世界を表す例えとして用いられている。改めて次元とは何かと尋ねられると、何となくわかるが、正確に答えられない人

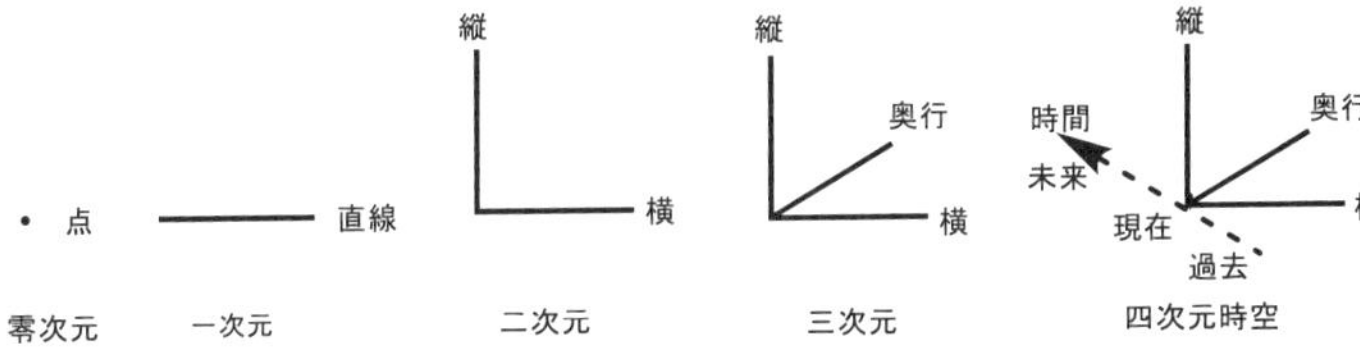

図3-1　零次元は点、一次元は直線、二次元は平面、三次元は我々の住む空間。我々は三次元に時間軸を加えた四次元時空に生きている。

も多いのではないか。空間に関連した次元という言葉は誰でも聞いたことがあり、一次元、二次元、三次元についてはそれぞれ何となく理解されていると思う。そこで、まずは次元について考えてみる。

我々は、現実の世界の中で、三次元空間に時間という軸を加えた四次元時空で生活している。それぞれの次元は図3-1のように表すことができる。四次元目の時間は、過去から未来の一定方向に流れている。

一次元は1本の軸で表される直線の世界である。そのため、物は点か直線で表され広がりはなく、形というものがないことになる。生物はもちろん、物や自然もすべてのものが長さの異なる直線で表され、何かが存在するとしてもそれぞれの個性のない世界となる。物や生物の区別は可能だろうか？　しかも行動は直線上を移動するだけとなり、一定方向に直線的に伸びるだけの世界である。そのため一次元では直線上の動きに限定される。すなわち物の形のない長さが異なるさまざまな直線が、一本の直線上を動く空間ということになる。何とも味気ない窮屈で退屈な空世界で、こんな世界では我々のような生物が存在することは不可能である。

二次元は、2本の直交した縦と横に伸びた直線（座標軸）で表される平面の広がりを持つ空間で、ちょうど紙面で表される空間領域ということになる。紙に描いた絵、写真、テレビやパソコンなどの画像が二次元空間ということになる。一次元とは異なり、我々の姿は紙面に現れ、各人がそれぞれ異なる形とささやかな個性を持つことができる。もちろん上下に動くスポーツなどは行うことができない。美しい雄大な山野の景色などを楽しむこともできない。二次元平面を面から離れて上から見ることができれば、平面に投影された姿を見ることができるが、残念ながら二次元世界にいる我々は平面から上下に移動することはできないので、同じ平面から高さのない人や物の姿は、長さの異なる直線としてしか見ることができない。平面を移動することは可能であるが、上下に移動ができないため坂道を上ったり下ったりの散歩やハイキングを楽しむことができない。こんな状態で食事をしたりお酒を楽しんだりできるのだろうか。二次元世界の人間の胃袋は厚みがないが、食べたものが入ることができるのだろうか？　飲食したものが体の中に入っていき正しく消化され、生きるエネルギーになるのだろうか？　これまたそこで生活することなど到底想像することができない空間である。二次元の世界でも我々生物が生きていくことは不可能であろう。

三次元は縦・横の軸と奥行の軸が加わった、３本の直交した直線座標軸で表される広がりを持つ空間で、まさに我々が現在生活している現実の世界を表すものでありホッとする。美しい風景を眺め、ハイキングや登山、スポーツを思いきり楽しむこともできる。画像を介してではなく現場でスポーツや景色を鑑賞することで高い臨場感を味わうことができる。恋愛したりおいしい食事を食べたり、お酒を飲んだり、思いきり楽しむことができるのは三次元世界なのだ。我々生物は三次元世界に存在することで、不自由のない生命活動を行うことができる。

縦・横・奥行の三次元に新たにもう一つの次元を加えた四次元空間があるといわれており「多胞体」と呼ぶが、門外漢にはどんな空間か想像が困難である。アルベルト・アインシュタインは、特殊相対性理論の中で三次元に時間という軸を加えた「四次元時空」という概念を提案しており、これが一般的に受け入れられて、我々の生活環境となっている。

ちなみに零次元は点ということになる。すべてのものが一点に集まった状態で、これを空間と呼べるだろうか。また、四次元以上の空間世界もあるといわれているが、なかなかイメージすることは難しい。我々とは異なる世界がたくさん広がって存在するということのようで、宇宙科学や素粒子論の中では議論されている。五次元の世界は我々の住む世界とは異なる別の世界でパラレルワールド（並行世界）と呼ばれ、太陽系が存在する宇宙とは別の宇宙が数多く存在しているという。我々の存在する宇宙以外の宇宙が無数に存在するという考えもあり、我々の思考を超えた考えである。

時間の概念

我々の住む四次元時空のうちの三次元空間は各方向に等しく広がっており、自由に行き来できるが、四次元目の時間は、過去→現在→未来と流れる方向が決まっており、これを「時間の矢」という。この三次元空間と時間の矢で成り立つ四次元時空の概念は抵抗なく受け入れやすい考えである。

この時間というものは、数時間前、昨日、先月、昨年などの過去の時間、今という現在の時間、そして明日、来週、来年などの未来の時間、1時間、1週間、1年間という時間の長さなど普段の生活の中で無意識に理解しているように感じるが、改めて「時間とは何か」を考えてみると説明が難しい。

研究者の間でも明快な答えはいまだ得られておらず、いろいろな考え方がある。理論物理分野の著者による「時間とは何か」の解説書は数多くある（ただし中身は量子論が柱で、門外漢には時間についての解説がされているようには思えない）し、心理学、自然科学、生物学、物理化学、宇宙科学的になどいろいろの立場に立って考えることもできる。

時間を考えた場合、過去・現在・未来を意識することはできるが、この時間の流れは過去→現在→未来の方向に決まっており、時間が止まったり、逆方向に進むことはない。時間の流れはいつも一定方向に、決まった速さで進んでいるように感じられる。時計の刻む時間も、地球の自転や公転も決まった速度で進んでいる。そして我々生物も決まったリズムで成長し年を重ねていく。

17世紀後半に万有引力を発見したアイザック・ニュートンは、時間とはどこでも誰にとっても決まったリズムを刻んでいく絶対的なものであると考えた。一方、アインシュタインは20世紀初頭に一般相対性理論の中で、空間が伸縮すれば時間も伸縮し重力で時間が遅れ、また速い速度で移動すると時間が遅れる、など状況により変化する相対的なものであることを明らかにしている。我々の普段の生活の場では、ニュートンの考えが自然に受け入れられ、アインシュタインの考えによる時間の遅れはあまりにも微少でほとんど感ずることができないので、なかなか受け入れるのが難しい。

物理学理論の中の量子力学の分野では、時間というものは逆戻りすることが可能であるとの研究成果も報告されている。

空間も時間も物質も、１３８億年前にインフレーションとこれに続くビッグバンで宇宙が始まったときに生まれたもので、宇宙誕生以前には空間も時間もなかった。つまり四次元時空は存在しなかったことになる。

宇宙ではすべてエントロピーが大きくなる方向に流れていくことが基本であり、時間もエントロピーが大きくなっていく方向に時間の矢が向き、一定方向に進んでいくと考えられている。「タイムマシーンで過去に行くことができるか？」の議論の中で、親殺しのパラドックスという話がある。あなたがタイムマシーンに乗って過去に行き、父親となる人を殺すとあなたは生まれないことになり、今あなたが居ることと矛盾が生ずる。このようなことから、過去にタイムスリップすることは不可能であるという考えがある。しかし理論物理学者の中には、理論的にタイムマシーンは可能だが、現実には不可能であろうとの意見もある。

いずれにしても、三次元空間に存在する我々の世界は、時間の経過がなければ静止状態で止まったままで何の変化のない世界が存在するだけとなる。そのため我々は行動することも成長することもなく、生命の誕生もなかったことになる。三次元空間と一定のリズムで過ぎていく時間が一緒になった四次元時空でこそ、自由に活動し成長していく我々の活躍する世界が存在しているのである。

鏡の世界と右左

上下の軸と前後の軸、左右の軸の３つの方向で構成された三次元空間に生きている我々は、重力により地球の中心に引っ張られており上下の区別は絶対的である。動物のように動く生き物は、進む方向が前で前後の区別も明らかである。人であれば目や鼻のある方向が前で、背中のある方向が後ろであることが容易に認識でき、そのほかの動物であれば頭のある方が前で尻尾のある方が後ろであることがわかる。

残りの右と左という概念は少々特殊だ。「そこを右に曲がって」などと突然言われたとき、とっさに正しく行動できないことがあり、判断が遅れることもある。左右の概念を持っているのは人間だけで、動物は左右の認識は持っていないと考えられる。幼い子どもは上下や前後の認識はできても左右の認識は未発達な場合が普通で、小さな頃は左右の意識も薄く、靴を左右逆に履いたりすることがよく見られる。また南米やアフリカ、オーストラリアなどには左右の概念や言葉を持たない部族が住んでいることも知られている。

左右という概念は、人や動物の姿が左右対称的な形をしていることから生まれてきたものと考えられる。「右に曲がる」「左側のもの」「右側に見える」「左から順番に」「向かって右」など、左右の位置を示す言葉が頻繁に使われる。

ではその概念を持ったまま、鏡の前に立ってみよう。鏡に映った自分の姿に対しては特に違和感がないが、映っている看板などの文字がいわゆる鏡文字となっており読みにくくなっているはずだ。また、よく眺めてみると左手にはめた時計が、鏡の中の姿では右手にはめていることになる。このように、鏡に映ったものが左右反対に見えることを鏡映反転と呼ぶ。歯磨きをしている姿を鏡で見ると、右利きだったはずの鏡の中の自分が左利きになっていることに気づく。そこで、左右が逆になっていると感ずることになる。しかし、鏡に映った姿では、上下の関係では上は上、下は下になっているが特に違和感はない。なぜ左右が反転しているのか不思議に感ずる。このように、鏡に映ったものが左右反対に見える現象は古くから疑問が持たれ、ギリシャのプラトンの時代から2000年余りも議論の的になっており、多くの科学者たちもいろいろな説明をしているがいずれの説明もなかなか理解しがたいもので定説がなく、今なお論争が続いている。

右手に歯ブラシを持って鏡に向かったとき、鏡の中の自分の視点から見ると歯ブラシを持つ手は左手になっているが、鏡に向かっている自分自身から見れば向かって右側の手に歯ブラシを持っている。実物の自分から見れば、鏡では、上下、左右はそのまま正しく映し出していることがわかる。ただ、鏡の中の自分の視点から見れば歯ブラシは左手に持っていることになる。これは、何も鏡が左右を反転させているのではなく鏡は正確に、上は上、下は下、右は右、左は左に忠実に映している結果である。鏡が左右を反転しているのではなく、左右という概念が問題なのである。

我々が鏡に近づき、ぴったりと接触すると、我々の右手は鏡に向かって右側の手に、左手は鏡に向かって左側の手と重なっていることがわかる。当然顔は鏡に映った顔と、つま先は鏡に映ったつま先と重なることになる。鏡に映った我々から見ると左右が反転したように感ずるこの現象は、容易に理解のできない現象であるが、次のように考えれば理解ができるのではないか。

右手に歯ブラシを持った自分の写真を透明のフィルムに印刷して、鏡に向けて映す。するとその写真を裏から透かして見た姿と、鏡に映った姿が左右を含め完全に一致する。鏡に向けたフィルムを裏から見ると、実際の自分とは左右が逆になっており、これが忠実に鏡に映されていると見れば理解ができる。我々自身が右手に歯ブラシを持って鏡の前に立った場合も同じことが起こっている。

なお、鏡に映った文字が鏡文字になる現象についても同様のことがいえる。通常の文字を鏡に向けるということは、文字を裏側から見た状態を鏡に映すことになり、そのまま忠実に映るために起こる現象と考えることができる。つまり、左右反転した文字が忠実に鏡に映されていることになる。これが鏡文字の現象なのである。

ただ文字の場合は、人々が文字の形を記憶として認識しているため、鏡文字が通常の文字と異なることに違和感を感ずるが、文字などが写っていない鏡に映った景色やものに対しては何ら違和感を感ずることはない。そのため、我々が見たことのない言語の鏡文字については違和感を感ずることはない。

文字や景色、姿のいずれにしても、鏡に映るものは後ろ側から透かしたもので、すでに左右逆転したものが鏡により忠実に映されている。相対的な左右の概念が上下や前後のように絶対的な概念でないために混乱が起きている。多くの有識者が鏡の疑問について述べているが、誰もが納得する説明はなかなかない。鏡映反転について誰もが納得できるわかりやすい説明のためにはまだまだ議論が続くことになりそうである。

有機化学は無機化学の後を追って発展した

化学という学問分野は比較的新しく、18世紀以前には一部の元素しか知られておらず、錬金術と称し、一般的な物質を価値の高い金などに変換するという妖術や魔術のような非科学的な手法が化学の中心を担っていた。そのため、化学の分野では鉱物の結晶を科学する無機化学が中心となり鉱物の結晶学は比較的進んでいた。当時は、有機化合物は生物のみが作り出すことができるもので、人工的に作ることができないと考えられ、有機化学の分野はほとんど開化していなかった。ガリレオ・ガリレイやニコラウス・コペルニクスによる地動説の提唱、ニュートンによる万有引力の発見など多くの物理学分野の華々しい業績に比べれば、化学は不毛の学問分野であった。

しかし、18世紀後半、スウェーデンの薬剤師で化学者でもあるカール・シェーレにより、酸素、塩素などの元素や酒石酸、シュウ酸、クエン酸、乳酸などの有機酸が次々と発見された。その結果、新しい元素の発見や有機物質に対する理解が少しずつ広まり化学の分野が発展することになった。19世紀になるとモルヒネ、キニーネ、コカインなどの多くの生理活性天然物が薬用植物から分離されるようになった。また1828年にはフリードリヒ・ヴェーラーにより、無機化合物であるシアン酸アンモニウムを加熱することで有機化合物である尿素を合成できることが明らかになった（図3－2）。これにより、「有機化合物は生物によってのみ作られるもの」という定説が覆えされることになった。さらに1872年にはアウグスト・ケクレによってベンゼンの化学構造の解明されるなど、このような化学における多くの発見が相次いだことがきっかけとなり、有機化学という分野が芽生えることとなった。

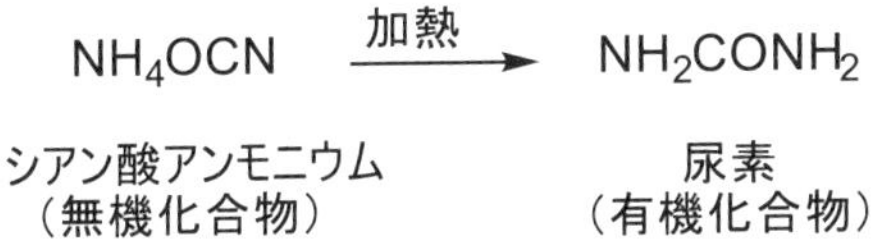

図3-2　ヴェーラーにより、無機化合物であるシアン酸アンモニウムから有機化合物である尿素が化学的に誘導された。

19世紀には鉱物の結晶学が盛んで、自然界の水晶の結晶には、実像と鏡に映した虚像の関係にある2種類の結晶形（半面像）が存在することが、

表 3-1　18 ～ 20 世紀の頃の化学の発見

発明・発見事項	発見者（国）	発見年
水素の分離	ヘンリー・キャベンディッシュ（イギリス）	1766
酸素、塩素など元素の発見、酒石酸、シュウ酸、クエン酸、乳酸などの有機化合物の発見	カール・シェーレ（スウェーデン）	1769 ～
窒素の発見	ダニエル・ラザフォード（イギリス）	1772
アヘンから鎮痛薬モルヒネの分離	フリードリヒ・ゼルチュルナー（ドイツ）	1806
コーヒーからカフェインの分離	フリードリヒ・ルンゲ（ドイツ）	1819
キナからマラリア治療薬キニーネの分離	ピエール=ジョセフ・ペレティエ（フランス）	1820
タバコからニコチンの分離	ヴィルヘルム・ポッセルトとカール・ライマン（共にドイツ）	1828
無機化合物から有機化合物である尿素の合成	フリードリヒ・ヴェーラー（ドイツ）	1828
酒石酸の光学分割	ルイ・パスツール（フランス）	1848
ベンゼンの構造式の決定	アウグスト・ケクレ（ドイツ）	1872
インジゴの合成	アドルフ・フォン・バイヤー（ドイツ）	1880
生薬マオウからエフェドリンの分離	長井長義（日本）	1887
オリザニンの発見	鈴木梅太郎（日本）	1910

フランスのジャン＝バティスト・ビオらにより明らかになっていた。半面像を持つ水晶の結晶を、主軸に直角に切り旋光計で観察すると旋光性（平面偏光を右または左に曲げる性質）を示すことはすでに発見されていたため、旋光性は結晶構造に起因すると考えられていた。そのために、当時は有機化合物の分子自身が旋光性を示すことには思いが至っていなかった。

20世紀になると有機化学の発展は著しく、医薬品開発や新しい合成繊維の開発、有用化学製品などの研究開発が盛んになり、我々の生活を豊かにしてくれた。そのきっかけとなったのは、18世紀の終わり頃から19世紀にかけて行われた大きな有機化学関連の発明・発見である。特に有名なものを表3－1に示す。これらの発見の多くはヨーロッパの国々でなされている。明治時代の文明開化で多くの日本の科学者が科学先進地域であるヨーロッパに留学し研鑽を積み帰国し、日本に新たな技術を持ち帰った。特に化学分野の研究者では、長井長義によるエフェドリンや鈴木梅太郎によるオリザニンの発見など日本人化学者の奮闘も光っている。

幸運を逃さなかったパスツール

ワインの醸造はヨーロッパ、特にフランスで盛んであった。ワイン醸造の際、樽の底に結晶塊が沈殿する。これは酒石と呼ばれており、今では酒石酸のカリウム塩（$K_2C_4H_4O_6$）であることがわかっている。酒石酸は1769年にシェーレによって発見された。一方、これと同じ分子式を持つパラ酒石酸がジョセフ・ゲー＝リュサックによって研究されていた。パラ酒石酸は現在ではブドウ酸と呼ばれている。酒石酸とブドウ酸は溶解度や結晶形や融点が異なるため、別の物質と考えられていた。天然の酒石酸の溶液の旋光度が右旋性であるのに対し、ブドウ酸は旋光性を示さないことがビオによって明らかにされていた。

フランスでは、１８４７年に高等師範学校を卒業したばかりのパスツールが、同じ分子式を示す酒石酸とブドウ酸の結晶形と旋光性の関係に興味を持ち研究を進めていた。その頃までの情報をもとにパスツールは、結晶学分野の結果から光学活性の酒石酸の塩の結晶は半面像を持っており、この結晶形が旋光性を示す原因であり、光学不活性なブドウ酸の塩の結晶は半面像を持たないであろうと予想した。

そこでパスツールは、光学活性を持った酒石酸の19種の塩について結晶の形を調べた結果、予想通りほとんどの結晶で半面像を示すことが明らかになった。一方、光学不活性のブドウ酸のいろいろな塩について結晶化し観察を行った結果、予想通りほとんどの場合半面像を示さなかった。しかし思いがけないことにただ一つだけ、ブドウ酸のナトリウム・アンモニウム塩の場合は、よく観察すると2種類の結晶形が共存することが明らかになり予想と違う結果になってしまった。落胆したパスツールが再度ルーペをのぞいて詳細に観察したところ、興味深いことにこれらの結晶は、お互いに実像と虚像の関係のような2種類の半面像の結晶が混在することがわかった。そこで、2種類の半面像の結晶を丹念に選り分け溶液にして旋光度を測定すると、それぞれの溶液は逆の旋光度を示すことが明らかになった（図３－３）。

このことから、酒石酸は単一の鏡像異性体（エナンチオマー）からなる化合物で、ブドウ酸は酒石酸の２つの鏡像異性体の等量混合物であることが明らかになった。お互い鏡像異性体の関係にある化合物の等量混合物のことをラセミ体といい、ラセミ体から鏡像異性体を別々に取り出すことを光学分割という。この光学分割という手法をパスツールは無意識のうちに行っていたことになり、世界で最初の光学分割となった。

パスツールによるブドウ酸からD／L－酒石酸への光学分割操作を模式的に図３－４に示す。

この結果、パスツールは鏡像異性体の光学分割を世界で初めて行うと共に、有機化合物は分子自身が旋光性を示すことを明らかにした。この有機化学分野における偉大な発見はパスツールが弱冠25歳のときであった。

しかし、パスツールのこの大発見は２つの大きな幸運によるものといわれている。１つはブドウ酸のナトリウム・アンモニウム塩を実験に用いたことである。多種類の無機化合物とブドウ酸の塩についての実験が行われているが、この塩以外では半面像の結晶を作ることはできていない。２つ目は、ブドウ酸のナトリウム・アンモニウム塩を用いても、27℃以上では半面像を持たない結晶ができるだけであるが、パスツールが実験を行った時期が冬であり27℃以下の低い気温での実験であったため、半面像の２種類の結晶を得ることができたのである（図３－５）。

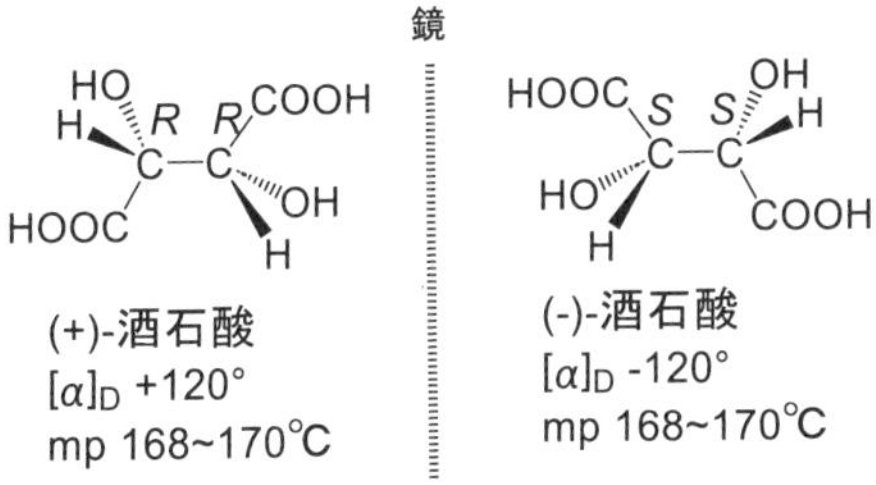

図３−３ （＋）‐酒石酸と（−）‐酒石酸の等量混合物（ラセミ体）であるブドウ酸のナトリウム・アンモニウム塩の結晶の2つの半面像結晶を選り分けて旋光度を測定した結果、鏡像体的関係にある2つの結晶はまったく逆の旋光度を示した。

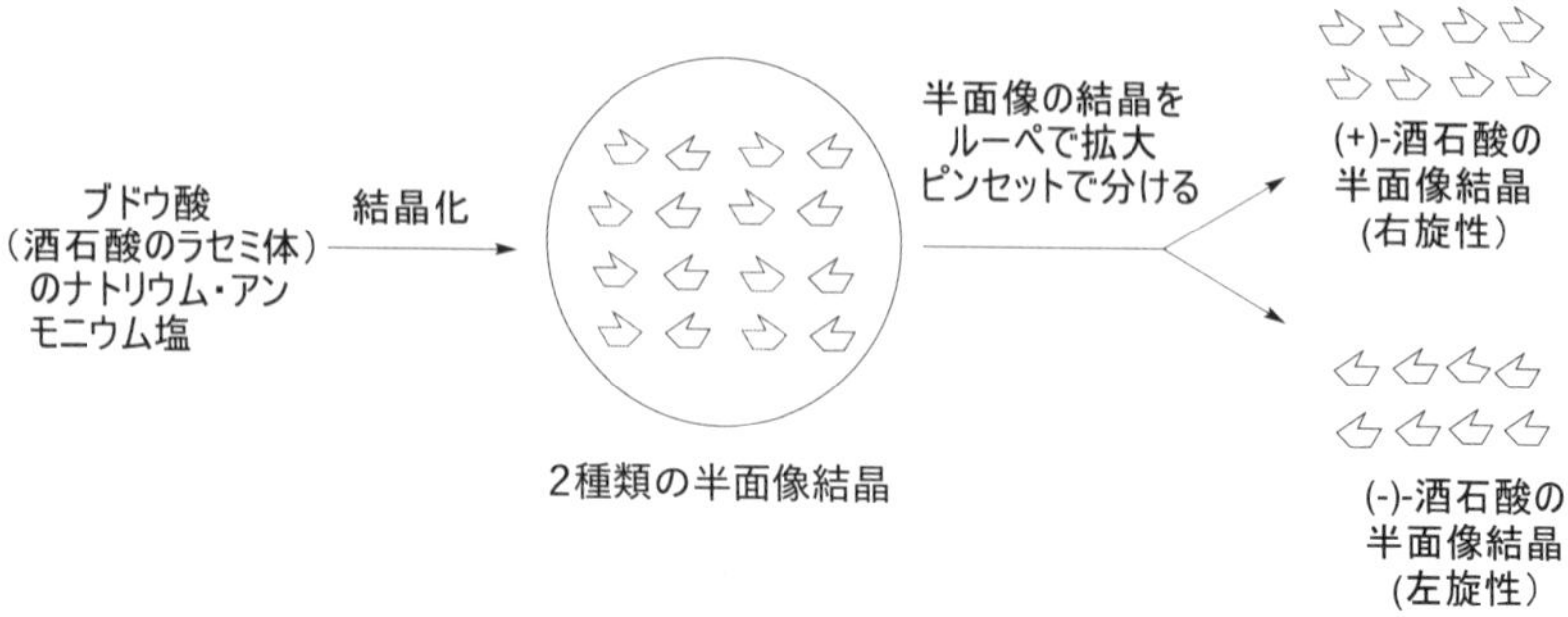

図 3-4　ブドウ酸のナトリウム・アンモニウム塩を結晶化し、生じた 2 種類の半面像の結晶をルーペで拡大してピンセットで分別した。それぞれの結晶を溶液にして旋光度を測定すると、一方はプラス（右旋性）の、他方はマイナス（左旋性）の符号を示した。

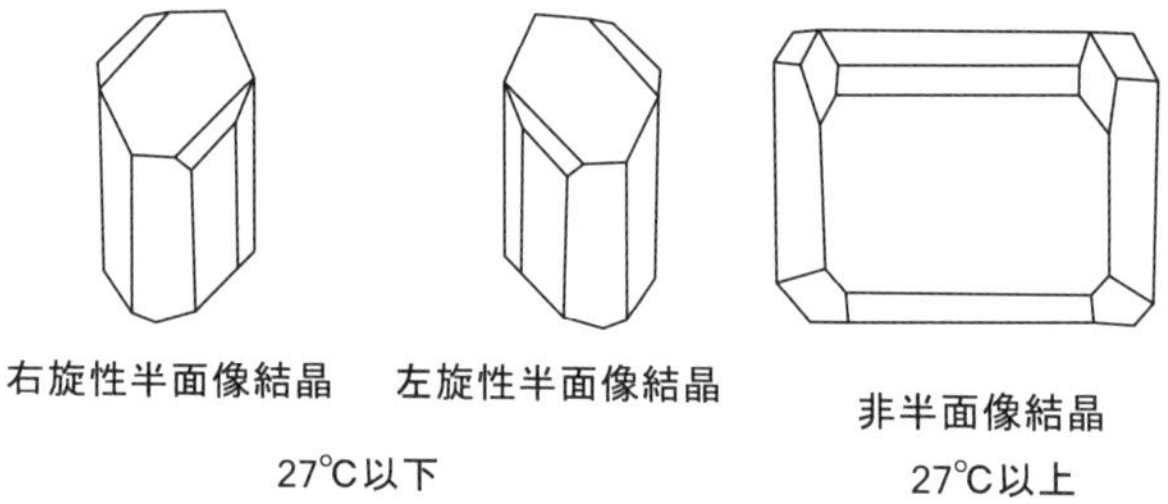

図 3-5　ブドウ酸のナトリウム・アンモニウム塩を結晶させると、27°C以下では2種類の半面像を持つ結晶が生成され、27°C以上では非反面像の結晶が形成される。パスツールは実験を冬の寒い日に行ったため光学分割に成功した。

科学の大発見には偶然が大きく関係しているという一つの例である。パスツールのこの実験は偶然が幸いしただけでなく、彼の実験技術の優秀さが大きく影響し、彼以外ではこの再現ができなかったといわれている。パスツールのこの実験結果に対して疑念を抱いたフランスの大物化学者であるビオの求めに応じ、彼の目前でパスツールは再実験を行い見事に成功しビオから称賛を受けたといわれている。

パスツールの場合のように、予想と異なる思いがけない結果が、大きな発見につながることをセレンディピティーというが、ノーベル賞クラスの大発見の多くもセレンディピティーによるものである。セレンディピティーのおかげで大発見をした科学者は、予想と異なる結果を単に失敗として実験を中止しないでさらに掘り下げ検討を続けた結果が大発見につながったといわれている。セレンディピティーについてはコラム４を参照。

なお、パスツールは微生物学者や医学者としての方がより有名で、狂犬病や炭疽《たんそ》菌のワクチンを開発したほか、白鳥の首フラスコを用いて微生物は自然に発生しないことを実証して生命の自然発生説を否定した。また、ワインやビールの腐敗を防ぐ低温殺菌法の開発をはじめ、数多くの微生物学分野における発見をしている。そんなパスツールが化学の分野でも酒石酸の光学分割という偉大な発見をしたことは驚きである。

有機化合物における中心性不斉の概念

パスツールの酒石酸の光学分割により、同じ分子式、同じ物理的・化学的性質を持ち旋光度が逆の異性体の存在が明らかになった。しかし、お互いが逆の旋光性を持つことが2つの酒石酸の構造のどのような違いに起因するかは明らかになっておらず、分子の不斉（キラリティー chirality）という概念によるものであるという考え方は確立していなかった。この問題に風穴を開けたのは、共に当時20歳代の若き化学者、オランダのヤコブス・ファント・ホッフとフランスのジョセフ・ル・ベルである。

19世紀後半、ベンゼンの構造式を明らかにしたドイツの化学者ケクレらの活躍で、有機化合物の分子の化学構造に注目する機運が起こっていた時代である。ファント・ホッフとル・ベルは、4価の炭素原子は4本の結合軸をお互いに109・5度の等角度で空間に伸ばしていると考え、その4つの結合軸に異なる原子や置換基が結合したとき、その結合の順序が異なるとお互いに実像と虚像の関係にある2つの立体異性体が生ずるという考えをそれぞれが独自に1874年同時に発表し、この違いが旋光性のプラスとマイナスに反映していると考えた。

これは不斉炭素の概念、すなわち中心性不斉の考えが確立するきっかけとなった。このように4つの異なる原子や置換基が結合した炭素を不斉炭素と呼び、お互いに鏡映対象を持つ立体異性体が生ずることになり、この関係にある異性体を鏡像異性体と呼ぶ。鏡像異性体は光学活性を示し、偏光面をお互いに逆の方向（右および左）に回転させることで旋光性を示すので光学異性体とも呼ばれる。こ

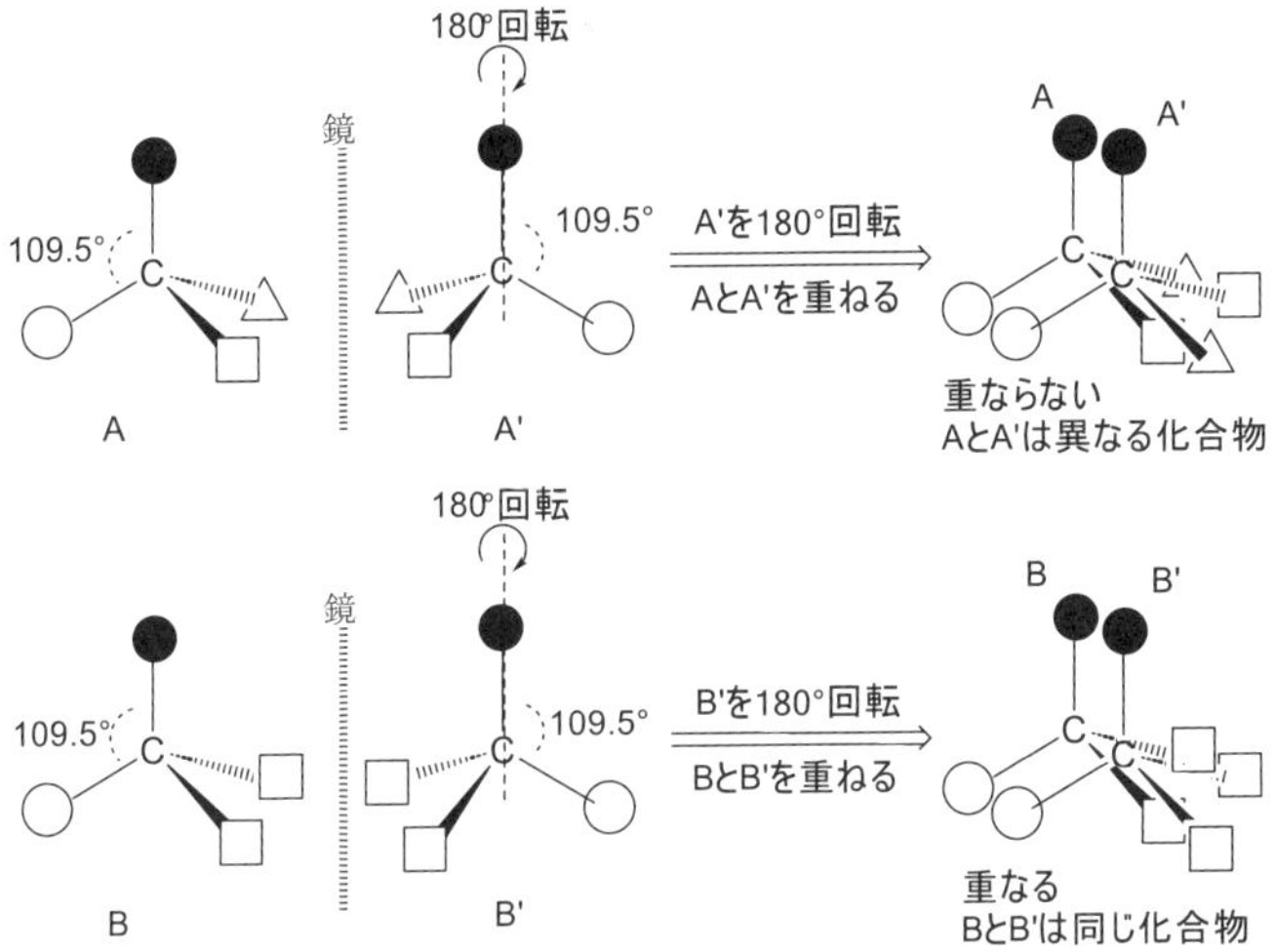

図 3-6　炭素に結合する 4 つの原子や置換基が○、●、□、△のように異なる場合、お互いに鏡像関係の A と A' が存在する。A' を●と炭素（C）を結ぶ軸で 180° 回転して A と重ねても、重ね合わすことができずお互い異なる化合物となる。置換基の 2 つが同じ□である B とその鏡像である B' では、同様の操作で完全に重なり、同一化合物となって鏡像異性体は存在しない。

のような現象を不斉と呼ぶ。この考えを使えば、パスツールの酒石酸の光学分割により得られた2つの酒石酸は不斉炭素を持ち、お互いに鏡像異性体で逆の旋光性を示すことが説明できる。こうして、不斉炭素の存在が光学活性の生ずる原因になるということが広く知られるようになった。

不斉炭素とは

不斉炭素の考え方を改めてわかりやすく示すと図3－6のように説明することができる。4級炭素の4つの結合はお互いに109・5度の結合角を持ち空間にお互い等価に伸びているが、ここに4つの異なる置換基である●、○、□、△が結合した化合物を考えてみる。お互いに実像と虚像の関係にある2種類の化合物AとA'では、●と○と中心の炭素（C）は紙面上に、△は紙面の裏側に、□は紙面の表側に存在している。化合物A'を●と中心の炭素（C）を結ぶ軸に関して180度回転したものをAと重ね合わせてみると、●、C、○は重ね合わすことができるが、△と□は入れ違いになり重ね合わすことができない。このことからAとA'は異なる物質ということがわかる。このように、炭素に異なる4つの置換基が結合した場合には、お互い実像と鏡像の関係となり旋光性が逆の立体配置を持つ鏡像異性体が存在することになる。このような性質を持つものはお互いに不斉の関係となり、その英語表記chiralityからキラリティーを持つとかキラルであるともいわれる。

一方、2つの同じ置換基が結合した例として、置換基として●、○と2つの□が結合したBのような化合物では、Bを鏡に映したB'を180度回転してBと重ねると完全に重ね合わせることができる。このような場合、不斉炭素は存在せず鏡像異性体は存在しない。

有機化学の発展の過程で、不斉炭素の存在しない場合でも光学活性すなわち不斉が起こる例が明らかになってきているが、アミノ酸や糖など、特に生命に関係する光学活性な有機化合物のほとんどが不斉炭素を持っている。不斉炭素を持たない鏡像異性体の例については第4章で述べる。

いずれにしても、旋光性と不斉炭素の関係を明らかにし、有機立体化学の入り口を開いたパスツール、ファント・ホッフ、ル・ベルが20代でそれぞれ歴史に残る大発見をした事実は驚きである。

column 3

「鏡の国」のミルクの味

『鏡の国のアリス』というおとぎ話は『不思議の国のアリス』の続編としてルイス・キャロルによって書かれた物語である。アリスはまさにL－アミノ酸の世界からD－アミノ酸の世界に入っていったことになる。ただし、鏡文字として書かれた詩を鏡に映して読むなどの我々でも理解できる記述もあるが、多くは必ずしもホモキラリティーという概念を意識したような記述になっていない。

しかし、ホモキラリティーを想起させる記述がある。『鏡の国のアリス　新訳』（佐野真奈美訳、ポプラポケット文庫）の冒頭の鏡の国へ入っていく場面で「ミルクはもらえるかしら。〈鏡の家〉のミルクはおいしくないかもしれないけどね」というセリフがある。ミルクの中には多くのタンパク質やアミノ酸、糖が含まれている。鏡の国ではこれらの物質はD－アミノ酸やL－体のグルコースやフルクトースから作られたものである。アリスの味覚や香りを感ずる受容体はL－アミノ酸で構成されたタンパク質で、高度に不斉な構造を持っている。D－アミノ酸やL－グルコースなどで構成されるミルクは間違いなくアリスにとっては今まで経験したことのない味でおいしくないだろう。

この宇宙には数千億の銀河が存在し、銀河には数千億の星があるといわれており、地球のような惑星の数も無数に存在すると考えられている。今、地球以外の惑星に生命が存在する可能性は否定できない。地球外の惑星に生命が存在し、地球のように高度な文明を持つ生物が棲んでいることが期待されている。

太陽系外の、地球のように進化した文明を持つ生物が繁栄している惑星が、地球と逆の鏡の国で、D－アミノ酸とL－グルコースの世界かもしれない。もし、我々が地球と同程度の文明を持ち地球と逆のホモキラリティーの惑星に行くことができたら、一体全体どうなるのだろうか。目に入ってくる景色は違和感がないが、看板に書かれた文字に不自然さを感じ、鏡に映った文字と同じであることがわかる。食事で出された野菜や肉、果物の見かけは地球のものと同じでも、食べてみるとまったく違った味や香りに戸惑う。明らかに甘いであろうと思われるケーキを食べても、バニラやシナモンの香りはするが、甘いどころか苦味まで感ずる。ジュースを飲んでも、ビールを飲んでも、色は同じであるが、香りや味はいつものものとはまったく違っている。でも、水を飲んでみるといつもの味でほっと一息つける。このように、L－アミノ酸の世界で生きてきた我々は、L－アミノ酸のみから構成されるタンパク質である酵素や味覚・嗅覚受容体を持っているため、鏡の世界で普通に存在しているD－アミノ酸やL－グルコースに対しては、今まで経験したことのない味や香りを感じるのである。ただ、不斉を持たないバニラの成分バニリンやシナモンの成分ケイアルデヒド、水はその風味に異常は感じない。

もし我々が鏡の世界に住むことになった場合、D－アミノ酸やL－グルコースから作られたタンパク質やデンプンを効率よく吸収し代謝することはできないため、その世界の食事をおいしく食べることができないだけでなく、無理やり何とか食べても正常に吸収・代謝できない。そのため、栄養を十分摂ることができずに栄養不足になってしまい、生きていくことが困難になるであろう。

ただ、パリティ対称性の破れなど、宇宙の基本的な原理により、L－アミノ酸の生物の世界がこの宇宙の必然であるのかもしれない。とすれば、この宇宙の地球外生命も地球と同じ、L－アミノ酸、D－グルコースのホモキラリティーを持つことになり、お互い共存することができるかもしれない。

column 4

セレンディピティー

セレンディピティーという言葉は、思いもかけないことから大きな発見ができること、あるいはその能力を表している。

その語源は、イギリスの作家ホレス・ウォルポールによる造語である。「セレンディプの3人の王子（The Three Princes of Serendip）」という物語の中で、スリランカの3人の王子は旅の途中いろいろな望まない偶然に遭遇し、それが結果としてすばらしい成果をもたらす。彼らが持つ、偶然の出来事から有益なものを見つけ出す能力を、ウォルポールはセレンディピティーと名づけたのである。

科学研究の分野では、予想や目的と異なる失敗が大きな発見につながるときなどに用いられる。本文中で、パスツールの大発見が偶然の影響によるものであることを述べたが、多くの科学上の発見はセレンディピティーによるものであることが知られている。ここでは、パスツールに続くセレンディピティーを紹介しよう。

日本化学者の事例

2000年にノーベル化学賞を受賞した白川英樹の受賞理由は、プラスチックは電気を通さないと考えられていた常識を打ち破る、電気を通すポリアセチレンフィルムを発見したことである。東京工業大学の助手であった白川は、ポリアセチレンのプラスチックの作り方を韓国からの留学生に指導しているときに、用いる触媒量が多過ぎたために反応物が黒くなり実験に失敗した。しかし白川は、反応容器に光沢のある黒い膜が作られていることを見逃さなかった。白川は失敗でおしまいにすることなく、偶然に生成していたこの黒い膜に注目してどうしてこのような膜ができたのか、またこの膜にどんな性質があるかを検討した。その結果、電気を通すポリアセチレンフィルムの開発につなげることができた。

この話を聞いて興味を持ったアメリカの化学者との共同研究により、微量の不純物を加えることでポリアセチレン膜が電気を通すようになることなどを発見した。この性質は、電池、コンデンサー、タッチパネル、感圧スイッチなどさまざまな場所で利用されている。この業績が認められ、白川はアメリカの2人の科学者と共にノーベル賞を受賞することになった。留学生の思わぬ実験の失敗と、その結果を単なる失敗として済ますことなく、鋭い観察力で思いもかけない大発見を導くことができたセレンディピティーの例である。

島津製作所の研究員であった田中耕一は、高分子であるタンパク質の質量スペクトル（ＭＳ）測定のために必要なタンパク質のイオン化の研究を行っていた。その過程で微細粉末の混濁液を作るため、本来はアセトンを使うべきなのにグリセリンとコバルトの粉末を混ぜてしまいサンプル調整を間違えてしまった。通常は廃棄するものをもったいないからと使ったところ、今までうまくいかなかった分子量の大きなタンパク質のイオン化を行うことができた。このことがきっかけで、従来困難とされた高分子のタンパク質のイオン化に成功し、タンパク質の質量スペクトルを測定することが可能となった。この結果を足がかりに世界中の科学者が参加して高分子のタンパク質をイオン化するMALDI－TOFMSが実用化され、生命科学の研究発展に大きな貢献をすることになった。グリセリンを混ぜてサンプリングの失敗をした時点でサンプルを廃棄していればこの大発見はなかったことになる。まさにセレンディピティーの例と考えることができる。

海外の事例

複雑な化学構造を持つ抗マラリア薬であるキニーネの合成は、当時の有機化学のレベルでは困難と考えられていたが、イギリスの若き化学者ウィリアム・パーキンは無謀にも挑戦した。しかも純度の低いアニリンを原料に反応を行ったが案の定キニーネの合成には失敗した。しかし失敗した反応物が青紫色をしており、これを見逃さず検討を行った結果、合成染料モーブの発見につながり、染料化学工業の草分けとなった。

アレクサンダー・フレミングは培養皿（ペトリ皿）でブドウ球菌の培養を行っていたとき、一部の培養皿は青カビで汚染してしまった。本来なら廃棄すべきであるが、よく観察してみるとカビの生えている周りの菌が溶菌していることに気がつきカビが、菌の増殖を防ぐ物質を生産しているのではないかとひらめいた。これに検討を加えた結果、カビが生産する抗生物質ペニシリンを発見し、ノーベル生理学・医学賞を受賞している。ペニシリンは多くの人々の命を救い、なかでも第二次世界大戦中、重い肺炎に罹ったイギリスのチャーチル首相を救った逸話は有名である。ペニシリンの発見はその後、ストレプトマイシンやセファロスポリンなどの多彩な抗生物質開発へとつながった。

米国ベル研究所の技術者、アーノ・ペンジャスとロバート・ウィルソンはパラボラアンテナの雑音の原因を調べていたとき、偶然に聞こえてくる異常な雑音を確認した。これが宇宙のあらゆる方向から聞こえてくることを発見し、このことが宇宙マイクロ波背景放射発見につながり、ジョージ・ガモフの唱えたビッグバン宇宙の大きな根拠となって、2人はノーベル物理学賞を受賞した。

これら以外にも、アルフレッド・ノーベルのダイナマイト発見、ヴィルヘルム・レントゲンによるX線の発見など多くのセレンディピティーの逸話が知られている。

身近な製品の開発の例では、米国3M社の「ポスト・イット」の開発の例が有名である。3M社では強力な接着剤の開発研究を進めていたが、研究はうまくいかず目的の強力な接着剤は見つからなかった。接着力があるが簡単にはがれてしまうものしか見つかってこず目的を果たすことができなかった。しかし弱い接着力を生かして、貼った後にはがすのが容易で、貼ったりはがしたりが自由なしおり（付箋）として利用できるのではないかと発想の転換が行われ、ポスト・イットというヒット商品を生むことになったといわれている。

ノーベル化学賞を受賞した著名な化学者であるデレック・バートンが、自分の輝かしい業績のいくつかは、「思いつきと、思い違いと、思いがけない偶然」によると述べている。まさにセレンディピティーにより大きな発見が行われたとの認識を示している。

第4章 有機立体化学の理論

アミノ酸や糖をはじめ多くの有機化合物は、生物が生きていくための代謝に関わっている。19世紀には化学の発展によって薬用植物などから多くの生理活性天然物が発見され、医薬品などとして用いられていた。20世紀になると有機化学も発展し、医薬品の開発研究が行われて合成医薬品も用いられるようになってきた。医薬品の多くが不斉炭素を持ち光学活性であり、その鏡像異性の違いが生理活性にも関係することが明らかになっている。

本章では、有機立体化学における立体異性の表記の規則について述べると共に、生命活動に重要な働きをするアミノ酸や糖類の構造や立体異性について述べる。

不斉炭素と光学活性

前章でも述べたように、4つの異なる原子や置換基が結合した炭素を不斉炭素（asymmetric carbon）と呼び、不斉炭素を持つ化合物は光学活性を持っており旋光性を示す。このように不斉炭

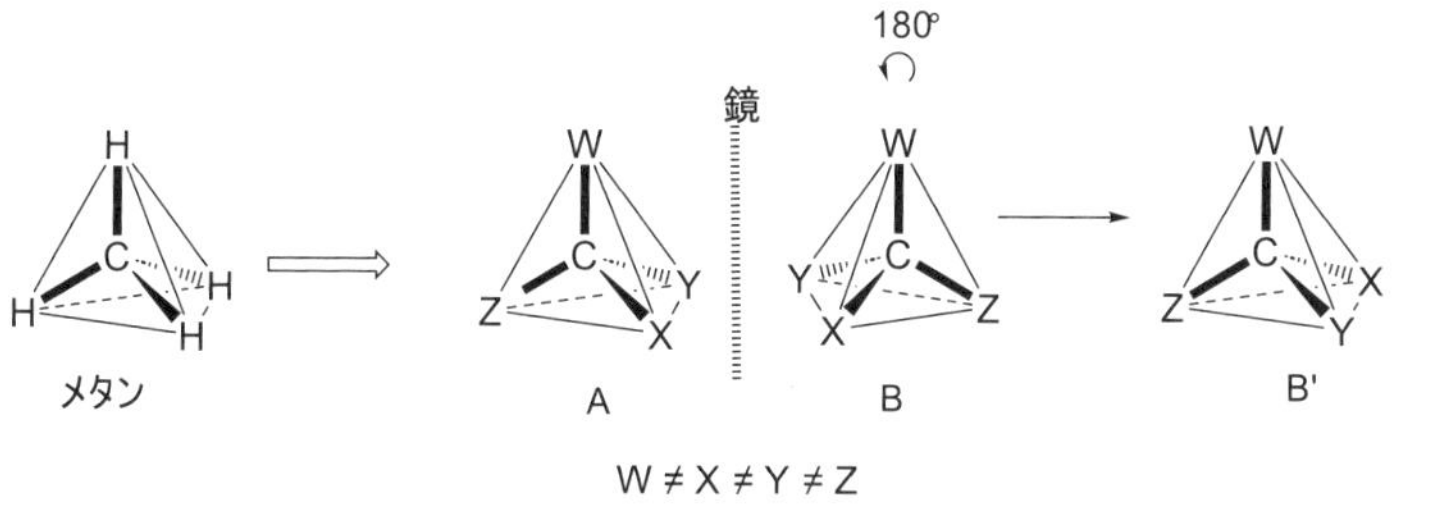

図4−1　メタンの4つの水素（H）をそれぞれ異なる置換基W、X、Y、Zで置き換えた場合、鏡映関係の化合物AとBが存在する。BをWと炭素（C）を通る軸に関して180°回転するとB'になる。AとB'のW−C−Zを重ねてみると、XとYが入れ替わっており、AとBは異なる化合物であることがわかる。

素を持つ光学活性の有機化合物は、生体成分や生理活性成分などとして扱うことが多い。

有機化合物の化学構造は通常紙面上に記述するため、三次元構造を持っている有機化合物の表記では、二次元的な表現法になってしまう。そのため、有機化合物を三次元的に表す概念が発展しなかった。しかし、有機化合物の多くが三次元構造を持っていることが明らかになると共に、鏡像異性体の三次元構造が生理現象に大きく関係していることから立体的に思考・記述することが必要となり、有機立体化学（organic stereochemistry）という学問領域が確立された。

通常、炭素原子はsp^3混成軌道と呼ばれる4つの等価な結合軸を持っており、お互いの角度は109.5度となる。正四面体の中心に炭素原子があり、そこから正四面体の4つの頂点に結合軸が伸びている形に例えることができる。最も単純な有機化合物であるメタンではこの結合軸に水素が結合し、空間的に等価な4つのC−H結合を持つことになる。メタンの水素を4種類の異なる置換基で置き換えたとき、置換基の結合順が異なると、お互いに、実像と鏡に映した虚像の関係

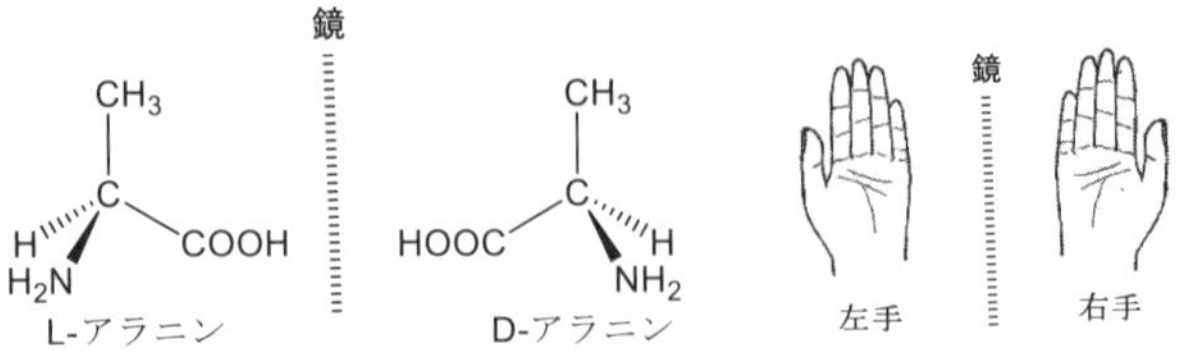

図 4−2　D, L−アラニンはお互いに鏡像異性体の関係になっており、右手と左手の関係に例えることができる。

である2つの分子となる。

　図4－1において、正四面体の各頂点に位置するメタンの4つの水素原子を、W、X、Y、Zのように異なる置換基と置き換えた場合に生ずる2つの化合物AとBはお互いに実像と虚像の関係になる。AとBをW－C軸で180度回転して生ずるB'とAのW、C、Zを重ね合わせたときXとYは入れ違いとなり重ならない。すなわちAとB'は同じものではない。このことからAとBはお互いに異なる化合物であることがわかる。これを鏡像異性体の関係にあるという。この関係は炭素に結合する4つの置換基がすべて異なるときに成り立つ。

　代表的なアミノ酸であるアラニンを例に、不斉炭素により生ずる中心性不斉について説明する。アラニンはα－アミノ酸で不斉炭素を1つ持っている。不斉炭素にアミノ基（NH_2）、カルボキシル基（COOH）、メチル基（CH_3）、水素（H）が結合しており4つの置換基が異なっている。このように炭素に結合した4つの置換基が異なる場合、その置換基の結合順が異なることで、お互いに実像と虚像の関係にある異なる化合物が存在することになり、不斉（キラリティー）の性質を持つことになる。

図4－2に示すようにL－アラニンとD－アラニンは実像と虚像の関係になる。ちょうど、L－アラニンは左手に、D－アラニンは右手に例えることができる。両者の化学的性質、物理的性質は同じでお互いを区別することはできない。このように、通常の物理化学的分析法では鏡像異性体を区別することはできないが、不斉（キラル）なカラムによる分析、生物反応および旋光度によって区別することができる。

キラルなカラムは、一方の鏡像異性体であるD－グルコースが環状に重合したサイクロデキストリンなどの多糖成分を充塡した筒状の装置に、両鏡像異性体を通過させると、高度に不斉の性質を持つ充塡剤に対する両鏡像異性体の相互作用が異なるため移動速度に差が生じ、分離することができる。

アラニンのメチル基がいろいろな置換基に置き換わった他のアミノ酸の鏡像異性体についても同様に説明することができる。

鏡像異性体は旋光度で区別する

お互いに実像と虚像の関係にある鏡像異性体は、融点、沸点などの物理恒数や、紫外（UV）吸収スペクトル、赤外（IR）吸収スペクトル、核磁気共鳴（NMR）などの分光学的性質、溶媒に対する溶解性、反応性などの化学的性質が同じで区別することはできないが、旋光性が異なりお互いに逆の符号を示す。鏡像異性体同士は、平面偏光を逆の方向に曲げる性質があり、一方が右に曲げれば、もう一方は左に曲げることになる。

通常、旋光性の数値として比旋光度が用いられる。鏡像異性体の関係にあるもの同士は、比旋光度の絶対値が同じで逆の符号を持っている。例えば天然型L－アラニンの比旋光度はプラス15度、非天然型のD－アラニンの比旋光度はマイナス15度、天然型D－グルコースの比旋光度はプラス52度、非天然型のL－グルコースの比旋光度はマイナス52度、*l*－メントールの比旋光度はマイナス51度、*d*－メントールの比旋光度はプラス51度である。

比旋光度は旋光計を用いて測定され、その値は通常［α］$_D$として表される。これはNa原子の持つ発光スペクトルであるD－線が示す589ナノメートルの波長における旋光度として表されることを示している。多くの化合物で、589ナノメートルの波長領域での旋光度は測定が容易であるが、有機化合物の紫外吸収領域から離れているため、化合物によっては旋光度が小さく、サンプル量が少ない場合、測定値に正確性が不十分なことがあるため、より短波長の旋光性が大きな波長領域で測定する。例えば350ナノメートルで測定して旋光度がプラス60度であった場合、［α］350+60°のように測定した波長350ナノメートルの数字を記載する。

一方、鏡像異性体の区別は酵素などの生体反応によって行う。酵素をはじめ、生体成分を構成する分子は高い不斉を持っているため鏡像異性体を厳格に区別することができる。このことについては後述する。

旋光度計は、あらゆる方向に振動している自然光を偏光子に通すことで、一定方向に振動する平面偏光と呼ばれる光のみを取り出す。図4－3に示すように、上下に振動する平面偏光を取り出し、測定する試料を溶かした溶液に通過させることで不斉な物質により振動方向が曲げられる。測定溶媒の

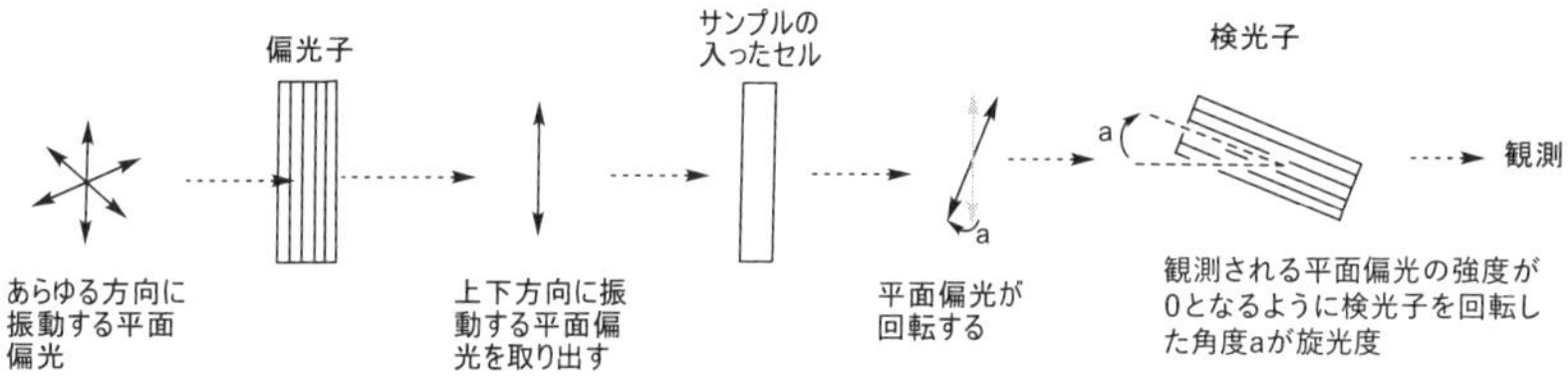

図 4−3　偏光子に通して縦方向に振動する平面偏光を取り出し、ブランク（試料を含まない）の溶媒を通したとき観測光が 0 となるように検光子をセットする。サンプル溶液を測定するとき平面偏光が左右のどちらかに曲げられる。通過する平面偏光の透過強度が 0 となるように曲げられた検光子の角度（a）が旋光度となる。

みで試料が存在しないブランクを通過した平面偏光の透過強度が0となるように、格子状の検光子の角度を偏光子に対して90度とする。光学活性な試料を測定すると平面偏光が曲げられるため、通過してくる平面偏光の透過強度を0とするために曲げられた平面偏光の角度と同じだけ検光子の角度を曲げる必要がある。この検光子の曲げられる角度が、平面偏光の曲げられた角度で旋光度ということになる。

透過してくる平面偏光が最大となるよう検光子の角度を調整して観測するより、通過してくる光の量が0となることを観測する方が、より感度良く正確に測定できる。このため、透過してくる平面偏光の強さが最大値ではなく0となるように検光子の角度を調整して測定する。

光学活性を持つ有機化合物にはお互いに実像と虚像の関係の鏡像異性体が存在し、平面偏光を右（時計回り）または左（反時計回り）に曲げる性質があり、右に曲げる場合をプラスの旋光性を持つとし（+）-体、あるいはその英語のdextrorotatoryからd-体と表記する。一方左に曲げる場合をマイナスの旋光性を持つとし（−）-体、あるいはその英語のlevorotatoryからl-体と表記する。

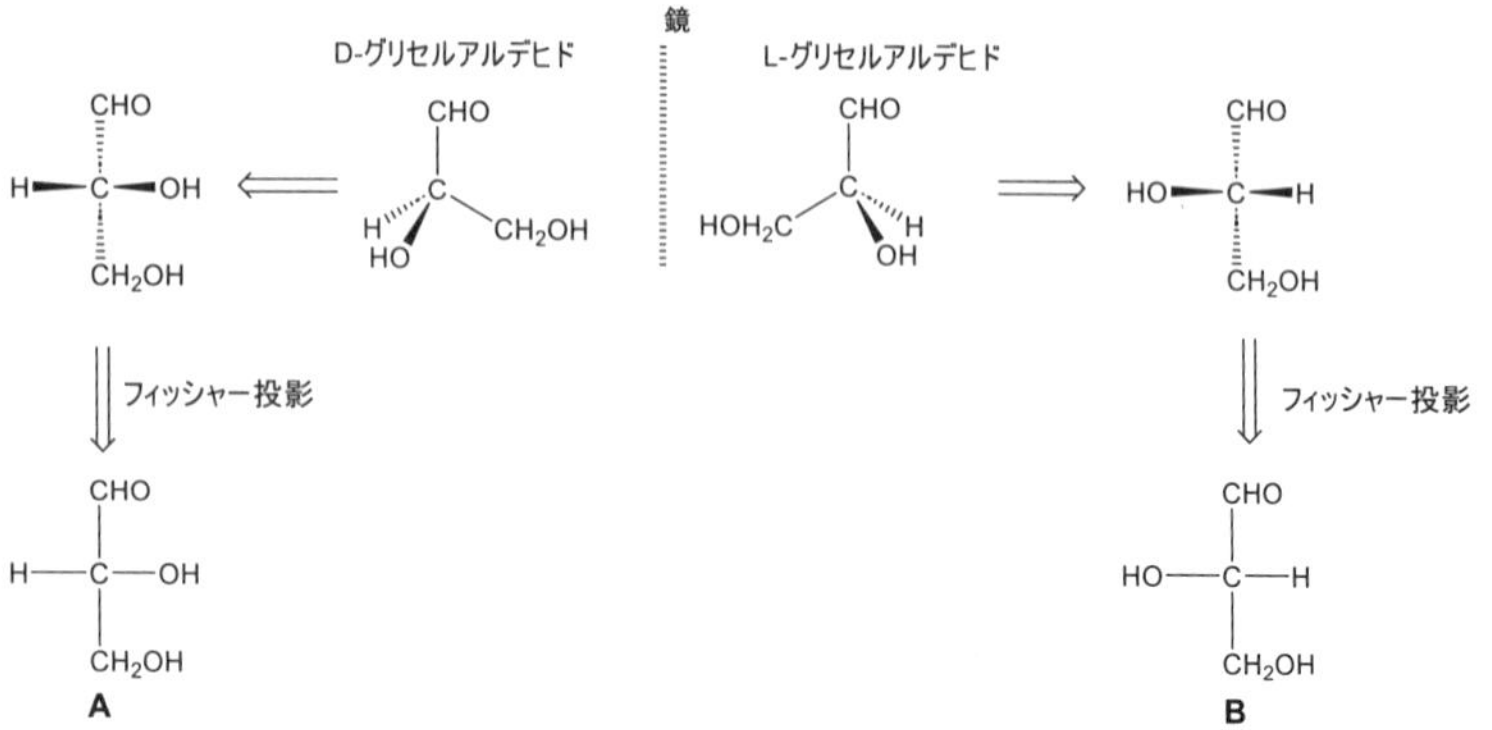

図 4−4　グリセルアルデヒドの CHO を紙面の裏側かつ上端にして炭素鎖を縦に置き、OH と H を横向きで紙面の表側に来るように配置する。これを紙面に投影したとき、OH が右側に来る A が D−グリセルアルデヒド、左側に来る B がL−グリセルアルデヒドとなる。

鏡像異性の表記法

鏡像異性体を取り扱うために、鏡像関係にある化合物を区別して表記する必要がある。そのため立体配置を区別する各種表記法が用いられている。アミノ酸や糖の鏡像異性の表記には普通D／L表記が広く用いられる。その他の有機化合物で不斉炭素を持つものには*R*／*S*表記が用いられる。D／L表記と*R*／*S*表記について説明する。

D／L表記

D／L表記法は、エミール・フィッシャーによりグリセルアルデヒドをモデル物質として1891年に提案されたもので、糖やアミノ酸の立体表示に用いられるようになった。糖やアミノ酸に対する立体表示法としては非常にわかりやすく便利な表記法である。

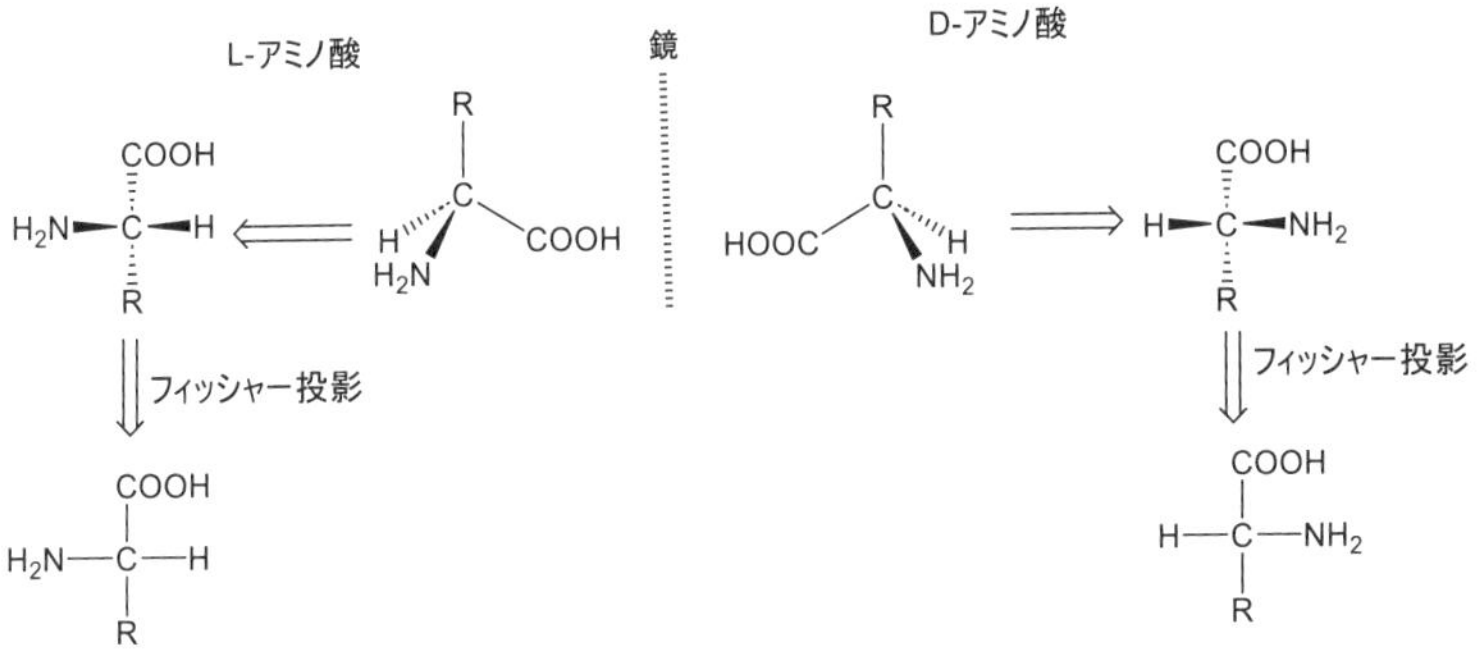

図 4–5　アミノ酸の COOH を上端に R を下端に、NH_2 と H が横軸方向で紙面の表側に来るように置きフィッシャー投影を行う。NH_2 が右側の場合が D–アミノ酸で、左側の場合が L–アミノ酸となる。

図４－４に示すように、グリセルアルデヒドの２種類の鏡像異性体のそれぞれについて、炭素鎖を縦軸に並べ、最も酸化段階の高いホルミル基（CHO）を紙面の裏側の上端に、末端のハイドロキシメチル基（CH_2OH）を同じく裏側の下端に置き、水酸基（OH）と水素（H）が横向きで紙面の表側に来るように置く。これを紙面上に投影するとＡおよびＢのような投影式が得られる。このような投影操作をフィッシャー投影と呼ぶ。このときＡのようにOHが右側に来る場合をＤ－系列、左側に来る場合をＬ系列と命名する。その結果、ＡはＤ－グリセルアルデヒド、ＢはＬ－グリセルアルデヒドということになる。

生命にとって重要な有機化合物であるアミノ酸および糖類の立体配置の表記には、通常Ｄ／Ｌ表記が用いられる。この表記は、アミノ酸や糖については以下に述べる決められた手順に従ってフィッシャー投影を行うことで決定される。

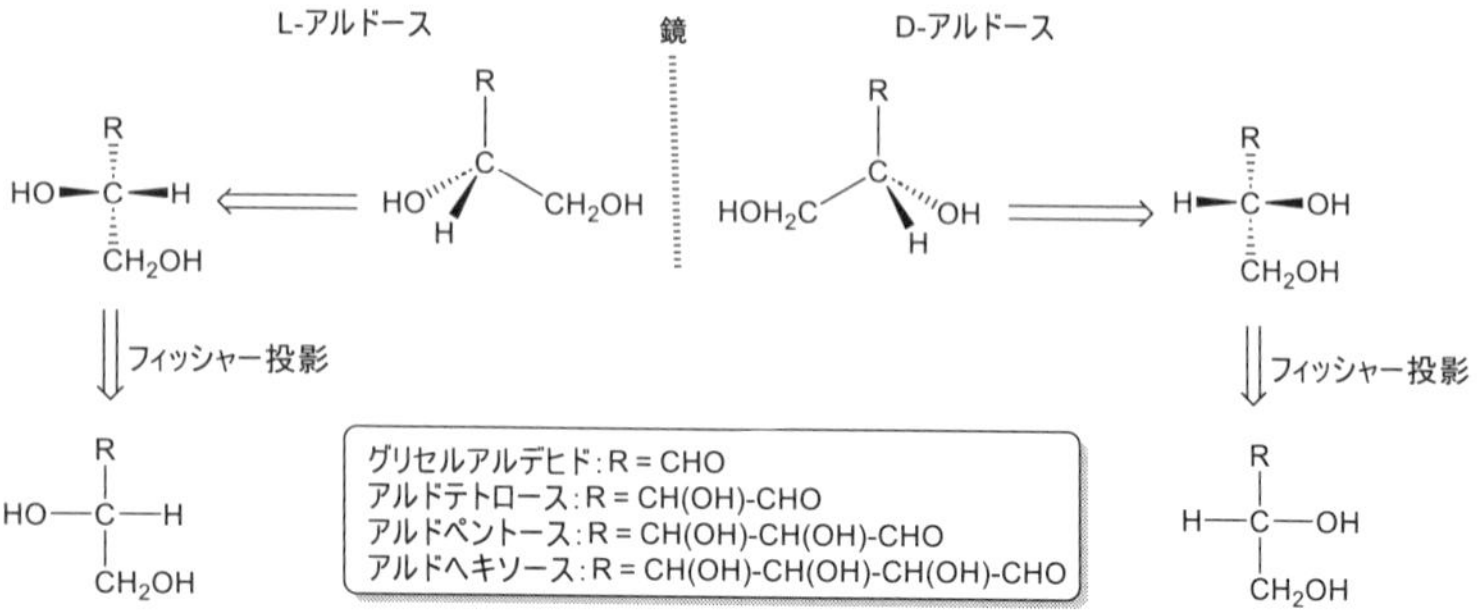

図4−6　アルドースの場合、CHOを含むRを上端に炭素鎖を縦軸、下端のCH_2OHの隣接炭素上のOHとHを横向きで紙面の上側に配置しフィッシャー投影を行う。OHが右側のときD−系列、左側のときL−系列となる。

アミノ酸のD／L表記では、図4−5に示すようにアミノ酸の一般式において、上から順にカルボキシル基（COOH）、α−位炭素（アミノ基が置換する炭素）、Rの順に縦軸に置き、アミノ基（NH_2）と水素（H）を横軸に配置する。この際アミノ基と水素が紙面の表側、カルボキシル基とRを紙面の裏側に置いて紙面に投影を行う。この結果NH_2が右側に来る場合をD−アミノ酸と表記し、左側に来る場合をL−アミノ酸と表記する。

糖はホルミル基（CHO）を末端に持つものが一般的でアルドースと呼ばれている。アルドースの場合のD／L表記を例に以下に述べる（図4−6）。ホルミル基を含むR部分を上端に、CH_2OHを下端にして炭素鎖を縦軸に置き、下端のCH_2OHの隣の炭素に結合したOHとHが横向きで紙面の表側に来るように置く。これをフィッシャー投影しOHが右側に来る場合をD−系列、左側に来る場合をL−系列と表記する。炭素数が4個の糖はアルドテトロース、5個の糖はアルドペントース、最もよく知られているグルコースやガラクトースなど炭素数が6個の場合はアルドヘキ

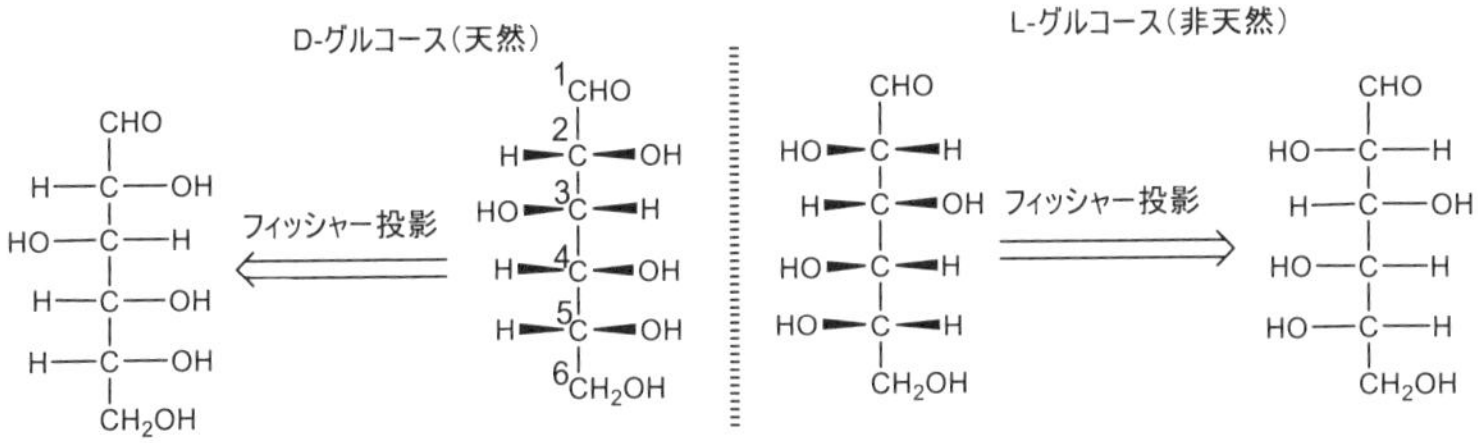

図 4−7　規則に従いフィッシャー投影を行ったとき、D−グルコースでは 5 位に結合する水酸基が右側を、L−グルコースでは左側を向いている。

ソースと呼ばれる。

アルドヘキソースのD／L表記について、最も代表的な糖であるグルコースを例に図4－7で説明する。酸化段階の最も高いホルミル基を上端にして炭素鎖を縦軸に置く。2、3、4、5位に結合する水酸基と水素を横向きで紙面の表側に置いてフィッシャー投影する。このとき、下端のCH_2OHの隣の炭素である5位に結合する水酸基が右側に来るものがD－グルコースで、左側に来るものがL－グルコースと表記されることになる。

他の糖においても同様の操作でD／Lが決められる。2、3、4位における水酸基の向きの異なる糖は立体異性体のジアステレオマー（次節参照）の関係となり物理化学的性質も生物学的性質もお互いに異なる。

なお光学活性物質に対して小文字の*d*／*l*の斜体を用いる*d*／*l*表記がしばしば見られるが、これは立体配置を表すものでなく旋光性を表している。*l*は左旋性でマイナスの旋光度、*d*は右旋性でプラスの旋光度であることを示している。D／L表記と*d*／*l*表記には直接関連はない。

ハッカの主成分として知られるl－メントールは（－）－メントールと同じ物質でマイナスの旋光度を示す。一方d－メントールはプラスの旋光度を持つことを示している。

R／S表記

アミノ酸や糖の立体表示にはその利便性からD／L表記が広く用いられているが、多くの有機化合物が不斉炭素を持っているためR／S表記が一般に用いられている。複数の不斉炭素を持つ化合物については、個々の不斉炭素それぞれに対してR／S表記を行う。

そのため、鏡像異性体のR／S表記を行うためには国際的に厳しく規格化された表記のための約束事が必要となる。そこで、無機化学、有機化学に関する化学関連の命名、実験、規格などを正しく運用するため、1919年に設立された権威ある国際機関である国際純正・応用化学連合（International Union of Pure and Applied Chemistry：IUPAC）が、IUPAC命名法の規則としてR／S立体配置命名法を規定し、研究者により運用されている。R／S表記を行うためには、最初に不斉炭素に結合する置換基の優先順位を決める必要があるため、IUPACは置換基の順位を決めるための指針を発表している。

その指針では、有機化合物に存在する可能性の高い置換グループについて、CIP順位則（CIP priority rule）により表4－1に示すような順位が提示されている。

基本的には不斉炭素に結合する原子の原子番号の大きいものが優先され、同位元素の場合には原子量の大きいものが優先する。有機化合物の場合は不斉炭素に炭素や酸素、窒素、ハロゲン原子などが

表 4-1　代表的な置換基の CIP 順位則による順位

1	水素	26	3,5-ジニトロフェニル	51	フェニルアゾ
2	メチル	27	1-プロピニル	52	ニトロソ
3	エチル	28	*o*-トリル	53	ニトロ
4	*n*-プロピル	29	2,6-キシリル	54	ヒドロキシ
5	*n*-ブチル	30	トリチル	55	メトキシ
6	*n*-ペンチル	31	*o*-ニトロフェニル	56	エトキシ
7	イソペンチル	32	2,4-ジニトロフェニル	57	ベンジルオキシ
8	イソブチル	33	ホルミル	58	フェノキシ
9	アリル	34	アセチル	59	グリコシルオキシ
10	ネオペンチル	35	ベンゾイル	60	ホルミルオキシ
11	2-プロピニル	36	カルボキシ	61	アセトキシ
12	ベンジル	37	メトキシカルボニル	62	ベンゾイルオキシ
13	イソプロピル	38	エトキシカルボニル	63	メチルスルフィニルオキシ
14	ビニル	39	ベンジルオキシカルボニル	64	メチルスルフォニルオキシ
15	*sec*-ブチル	40	*ter*-ブトキシカルボニル	65	フルオロ
16	シクロヘキシル	41	アミノ	66	メルカプト
17	1-プロペニル	42	アンモニオ（$-N^{+}H_3$）	67	メチルチオ
18	*tert*-ブチル	43	メチルアミノ	68	メチルスルフィニル
19	イソプロペニル	44	エチルアミノ	69	メチルスルフォニル
20	アセチレニル	45	アセチルアミノ	70	スルホ
21	*p*-トリル	46	ベンゾイルアミノ	71	クロロ
22	*p*-ニトロフェニル	47	ベンジルオキシカルボニウムアミノ	72	ブロモ
23	*m*-トリル	48	ジメチルアミノ	73	ヨード
24	3,5-キシリル	49	ジエチルアミノ		
25	*m*-ニトロフェニル	50	トリメチルアンモニオ ($-N^{+}Me_3$)		

（*Pure & Appl. Chem.* Vol.45, pp11 – 30, 1976 から引用）

CIP 順位則はカン（Chan）、インゴールド（Ingold）とプレローグ（Prelog）の 3 人の有機化学者により提案改良されてルール化されたもので、彼らの名前の頭文字 C、I、P に基づいてこのように呼ばれている。

結合して複雑でより嵩《かさ》高い置換基が優先するが、そのルールを適用するのはやや煩雑である。有機化学の中で代表的な置換基については表の通りである。この表では、水素が最も優先順位が低く、ヨードが最も順位が高いことを示している。

光学活性を持つ有機化合物の大部分が不斉炭素を持っている。そのため、絶対配置表記法として*R*／*S*表記法が広く用いられている。*R*／*S*表記は次に示すような手順で行われる。

不斉炭素に結合する原子や置換基について、順位則に従い優劣を確認する。図4－8のように、不斉炭素に4つの異なるW、X、Y、Zの置換基が結合しており、その優先順位がW＞X＞Y＞Zである場合、最も順位が低いZを最も遠くに置き透視し、残りの3つの置換グループを優先順位に従いW→X→Yとたどっていくと、Aの場合は時計回り（右回り）となる。このときを*R*－配置と呼ぶ。Bの場合も同様の操作を行うと反時計回り（左回り）となり、*S*－配置と呼ぶ。ここで用いられるRとSは、ラテン語の右（rectus）と左（sinister）に基づいており、大文字の斜体で表記する。

図4－9に示すように、a、b、c、dの4つの化合物について*R*／*S*表記法を適用して絶対配置の表記を説明する。

aの場合、不斉炭素の結合する4つの原子Br、Cl、C、Hの原子量の大きさを比べると優先順位は、Br＞Cl＞C＞Hとなり、Hを最も遠くに置き透視を行い、優先順位に従いBr→Cl→CH_3とたどる。その結果、左側の化合物が右回りとなり*R*－配置、右側の化合物が左回り*S*－配置となる。

bの場合、優先順位が*i*－Propyl＞*n*－Butyl＞CH_3＞Hとなる。*n*－Butylは炭素数4で*i*－Propylの炭素数3より大きいのに、どうして*i*－Propylの順位の方が高いのか。これは、IUPACが提唱

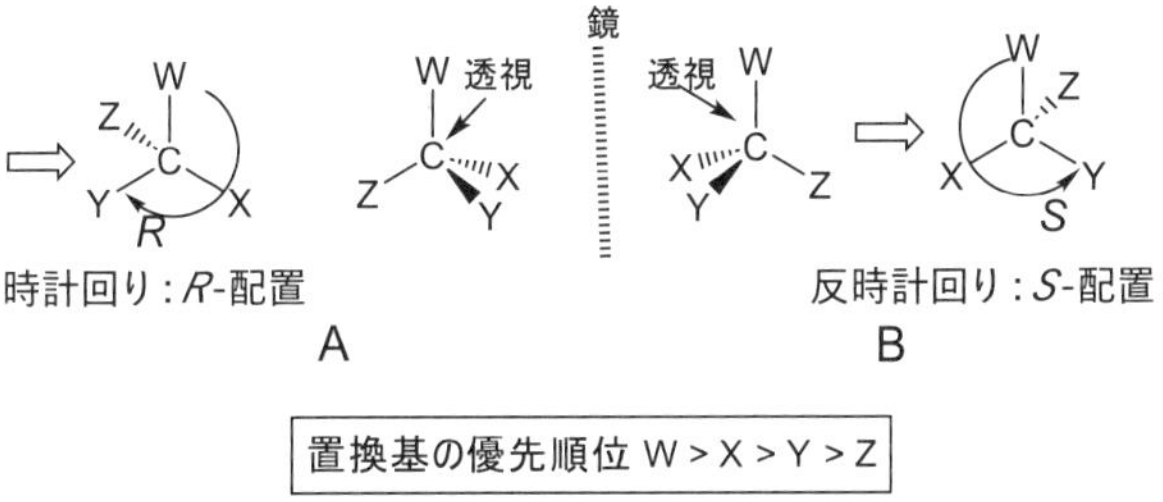

図 4–8　不斉炭素に結合する 4 つの置換基が異なり、その優先順位が W ＞ X ＞ Y ＞ Z の場合、最も優先順位の低い Z を遠くに置き透視し、順位則に従い W → X → Y とたどり時計回り（右回り）の場合を R–配置、反時計回り（左回り）の場合は S–配置とする。

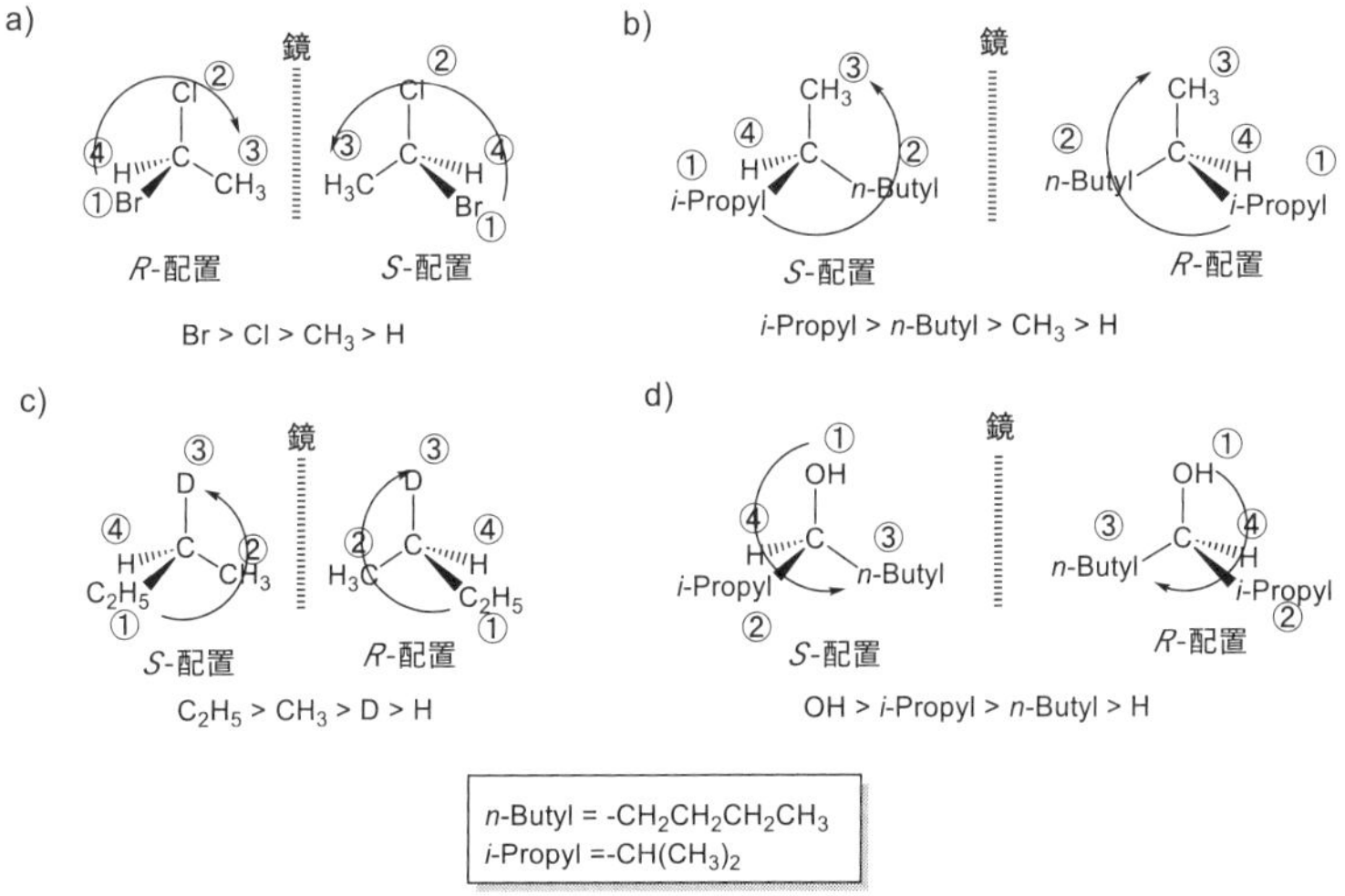

図 4–9　不斉炭素に結合する元素自体が異なる a の場合は元素の大きさで優先順位が決まり、Br ＞ Cl ＞ CH_3 ＞ H となり立体配置が決まる。b、c、d の場合はやや複雑で、不斉炭素に直接結合した元素が同じ場合はその 1 つ隣の元素の大きさや数を比較する必要がある。また c のように同位体元素の場合、より重い同位体の優先順位が高くなる。

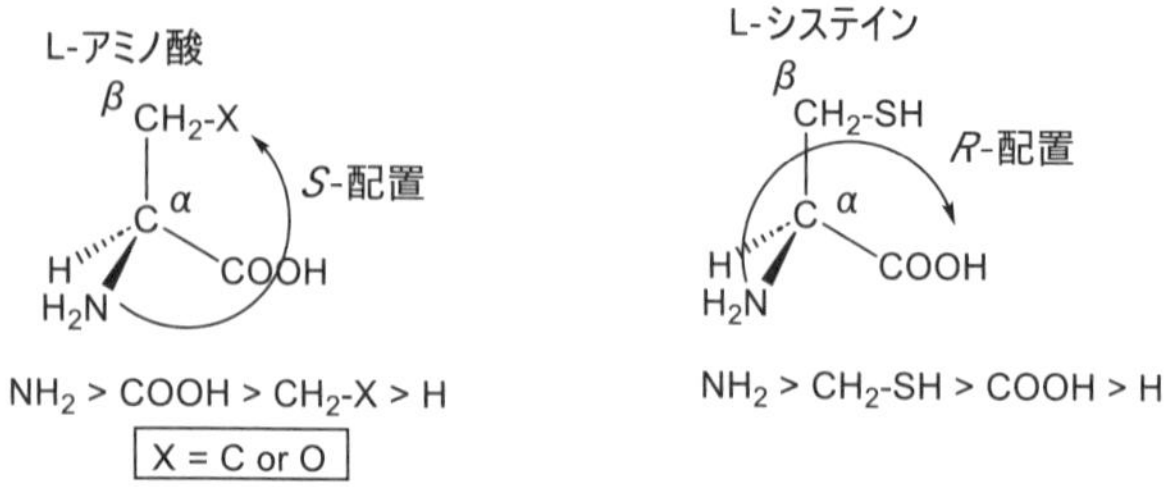

図 4−10　L−システインでは、β−位の炭素に、酸素より原子量の大きいイオウが置換しているため、優先順位が変わり 2*R*−配置となり、他のL−アミノ酸は 2*S*−配置となる。

した順位規則に従うものである。この規則では、炭素鎖が結合する場合、不斉炭素に隣接する炭素により多くの炭素が結合した置換基が優先される。そのため枝分かれした*i*-Propylが、枝分かれのない*n*-Butylに優先されることになる。この優先順位を適用され、左側の化合物が*S*-配置、右側の化合物が*R*-配置となる。

cの場合、同位体元素である水素（H）と重水素（D）が結合しているが、より原子量の大きいDがHより優先するため優先順位がC_2H_5 > CH_3 > D > Hとなる。この結果、左側の化合物が反時計回りとなり*S*-配置、右側の化合物は時計回りとなり*R*-配置となる。

dの場合、酸素原子は原子量16で、炭素原子の原子量12より大きいため優先する。bで述べたように枝分かれした*i*-Propylは直鎖状の*n*-Butylより優先するため、優先順位はOH > *i*-Propyl > *n*-Butyl > Hとなる。左の化合物では反時計回りで*S*-配置となり、右の化合物では時計回りで*R*-配置となる。

アミノ酸の立体表記は先にも述べたようにD／L表記を用いるのが普通であるが、*R*／*S*表記でも表すことができる（図4-10）。*R*／*S*表記で表示すると、システイン以外のL-アミノ酸はXがCまたはOであるためNH_2 > COOH > CH_2-X > Hとなり2*S*-配置となる。一方、L－システインの場合はイオウが結合し、CH_2-XがCH_2-SHとなる。イオウの原子量は32で、酸素の原子量16より大きいため、カルボキシル基（COOH）よりCH_2-SHの方の順位が高くなり、順番が入れ替わりNH_2 ＞ CH_2-SH ＞ COOH ＞ Hとなるため２*R*－配置となる。この結果、システイン以外のL－アミノ酸は*S*－配置となり、システインでは*R*－配置となる。

ジアステレオマーと鏡像異性体の関係

不斉炭素を１つ持つ立体異性体は２つ存在し、お互いに鏡像異性体（エナンチオマー）の関係となる。分子中に２つ以上の不斉炭素がある場合、鏡像異性体の関係以外に新たにジアステレオマーの関係の立体異性体が存在することになる。第２章で述べたように、n個の不斉炭素を持つ化合物は、２のn乗種類の立体異性体が存在することになり、鏡像異性体の関係と同時にジアステレオマーの関係の立体異性体が存在することになる。

鏡像異性体とジアステレオマーの関係を図４－11に模式的に示す。２つの不斉炭素を持つ場合、化合物AとA'はお互いに実像と虚像の鏡像異性体の関係となり、同様に化合物BとB'も鏡像異性体の関係となる。一方、化合物AとBとは明らかに異なる構造で、同様にAとB'も異なる構造である。このような関係をジアステレオマーと呼ぶ。同様に、化合物A'とB、A'とB'の関係もジアステレオマーの関係となる。鏡像異性体同士はお互いの物理・化学的性質は同じであるが、旋光度は絶対値が同じで逆の符号を示し、生物に対する作用は異なっている。一方ジアステレオマー同士はお互いに別の化合

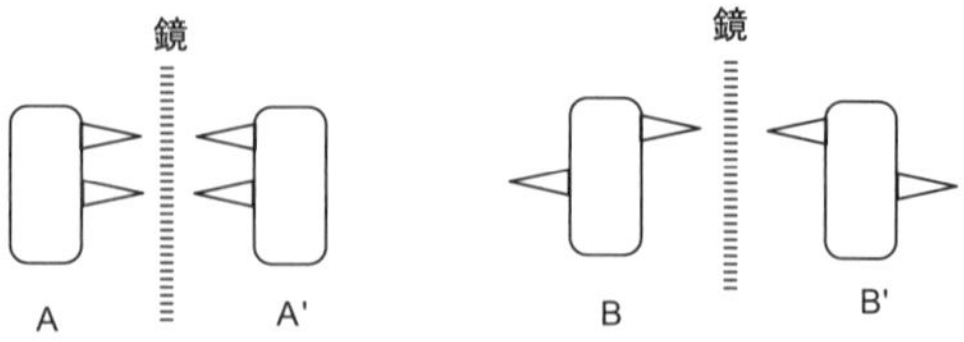

図 4−11　化合物 A と A' および化合物 B と B' は鏡像異性体の関係となり、そのほかの関係はすべてジアステレオマーの関係となる。

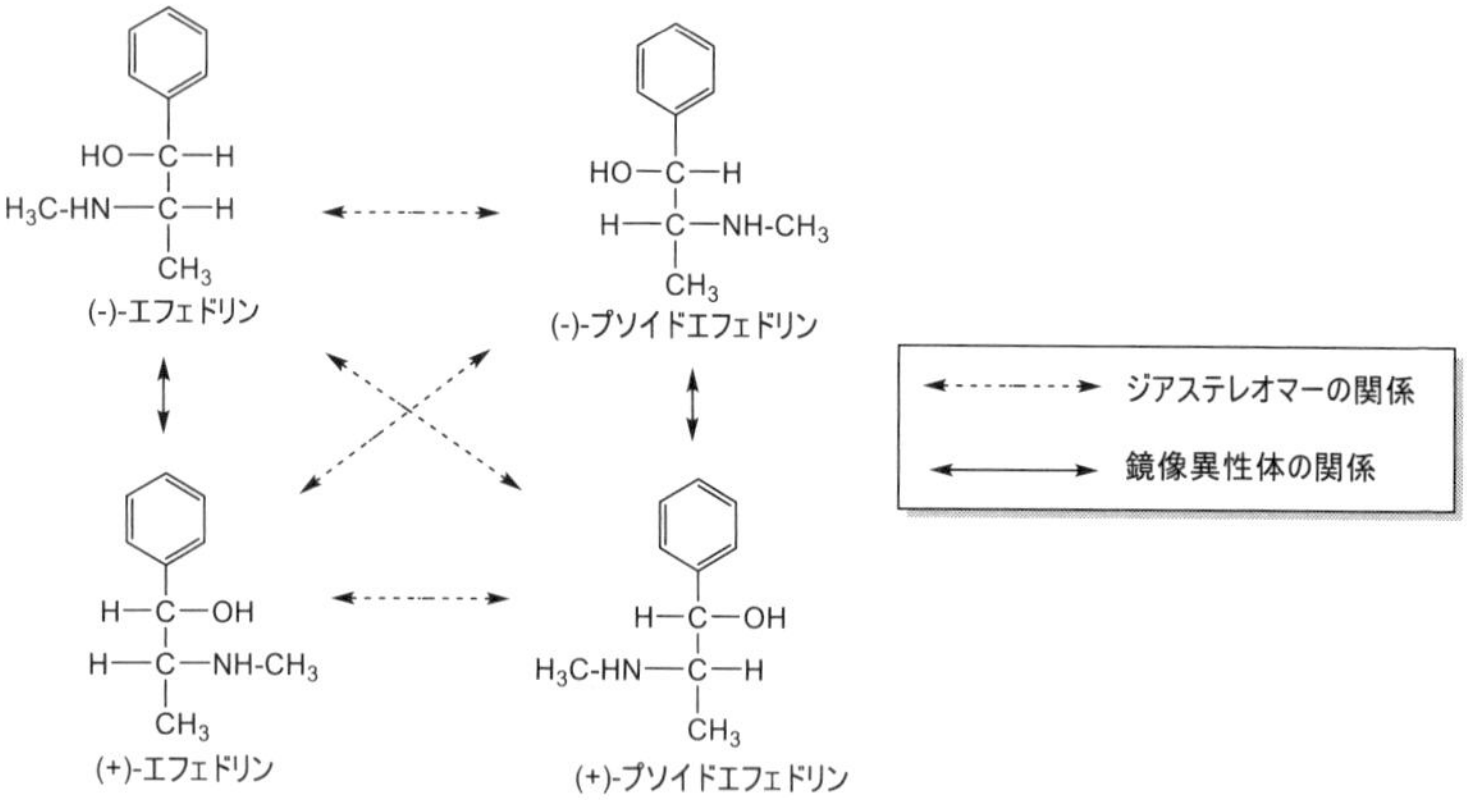

図 4−12　2 つの不斉炭素を持つエフェドリンには4種類の立体異性体が存在し、それぞれに鏡像異性体の関係とジアステレオマーの関係が存在する。

物で、物理・化学的性質が異なり旋光度も生理活性も異なる。

複数の不斉炭素を持つ立体異性体の鏡像異性体とジアステレオマーの関係について、エフェドリンを例に具体的に説明する。

エフェドリンは、漢方処方にも用いられている重要な生薬マオウ（麻黄）の成分として、19世紀末に我が国の長井長義によって分離された生理活性成分で、分子中に不斉炭素を2つ持っている。そのため2の2乗で4つの立体異性体が存在する。エフェドリンの立体異性体は、（－）－エフェドリン、（＋）－エフェドリン、（－）－プソイドエフェドリン、（＋）－プソイドエフェドリンである（図4－12）。

（－）－エフェドリンと（＋）－エフェドリンはお互いに鏡像異性体の関係で、物理恒数や化学的性質が同じで、旋光度がそれぞれマイナスとプラスの逆符号になる。同様に、（－）－プソイドエフェドリンと（＋）－プソイドエフェドリンもお互いに鏡像異性体となる。一方、そのほかの化合物の関係はジアステレオマーの関係となる。ジアステレオマーの関係にある化合物はお互いに異なる物質で、旋光度はもちろん、紫外吸収、融点、沸点などの物理的な性質や溶解度、極性、反応性などの化学的な性質も異なっている。当然、生理活性も異なり生物に対して異なる効果を示す。

エフェドリンの、鏡像異性体の関係およびジアステレオマーの関係にある化合物同士の、物理的、化学的、生物学的な性質の関係を表4－2に示す。鏡像異性体の関係にある（－）－エフェドリンと（＋）－エフェドリンでは、融点と溶解性が同じであるが、旋光度（$[\alpha]_D$）は絶対値が同じで逆の符号を示している。プソイドエフェドリンにおいても、（＋）－体と（－）－体では同様の性質を示すことがわかる。生理活性については、(－)-エフェドリンと(+)-エフェドリンでは異なっている。一方ジアステレオマーの関係にある化合物同士は、これらの性質がすべて異なっている。

ちなみに、マオウの主要な生理活性成分は(－)-エフェドリンで、表4-2に示すように鎮咳作用があり、喘息治療や胃腸の疾患などに有効である。また、エフェドリンは覚醒剤であるメタンフェタミンに誘導可能な構造を持っているため、その取り扱いには留意が必要である。

ハッカの成分として有名なメントールは図4-13に示すように不斉炭素を3つ持っているため、2の3乗の8つの立体異性体が存在する。これら8種類のメントール誘導体には、鏡像異性体の関係とジアステレオマーの関係が存在し、香りや味などそれぞれ特徴的な異なる性質を持っている。

d-メントールとl-メントールはお互いに鏡像異性体の関係となる。同様に、ネオメントール、イソメントール、イソネオメントールの場合もd-体とl-体両方の鏡像異性体が存在し、d-体は旋光度がプラスに、l-体は旋光度がマイナスとなる。また、鏡像異性体の関係にあるd-体とl-体では、対応する不斉炭素の絶対配置の記号がRとSに入れ替わっている。これは対応する不斉炭素の立体配置が逆になっていることを示している。

これら8つの化合物の鏡像異性体の関係以外はすべてジアステレオマーの関係となり、化学的、物理的性質がお互いに異なっている。

不斉炭素の数がn個の化合物の立体異性体の数は、2のn乗となることから、不斉炭素の数が増えると立体異性体の数が増え、n=2のとき4種類、n=3のとき8種類、n=4のとき16種類、n=5のとき32種類となる。天然物の場合は複数の不斉炭素が存在するのが普通で、分子量の大きな化合

表 4-2　エフェドリンの立体異性体の性質

	(-)-エフェドリン	(+)-エフェドリン	(-) -プソイドエフェドリン	(+)-プソイドエフェドリン
融点	217-218°C	216-217°C	181-182°C	181-182°C
[α] D	-340°	+340°	-620°	+620°
溶解性	クロロホルムに難溶	クロロホルムに難溶	クロロホルムに可溶	クロロホルムに可溶
生理活性	交感神経に作用喘息治療	(-)-エフェドリンの作用を弱める		

物理恒数である融点と化学的性質である溶解性は、鏡像異性体同士では同じであるが、旋光度は逆符号を示す。ジアステレオマー同士ではすべての恒数がお互い異なっている。生理活性は鏡像異性体同士で異なっている。

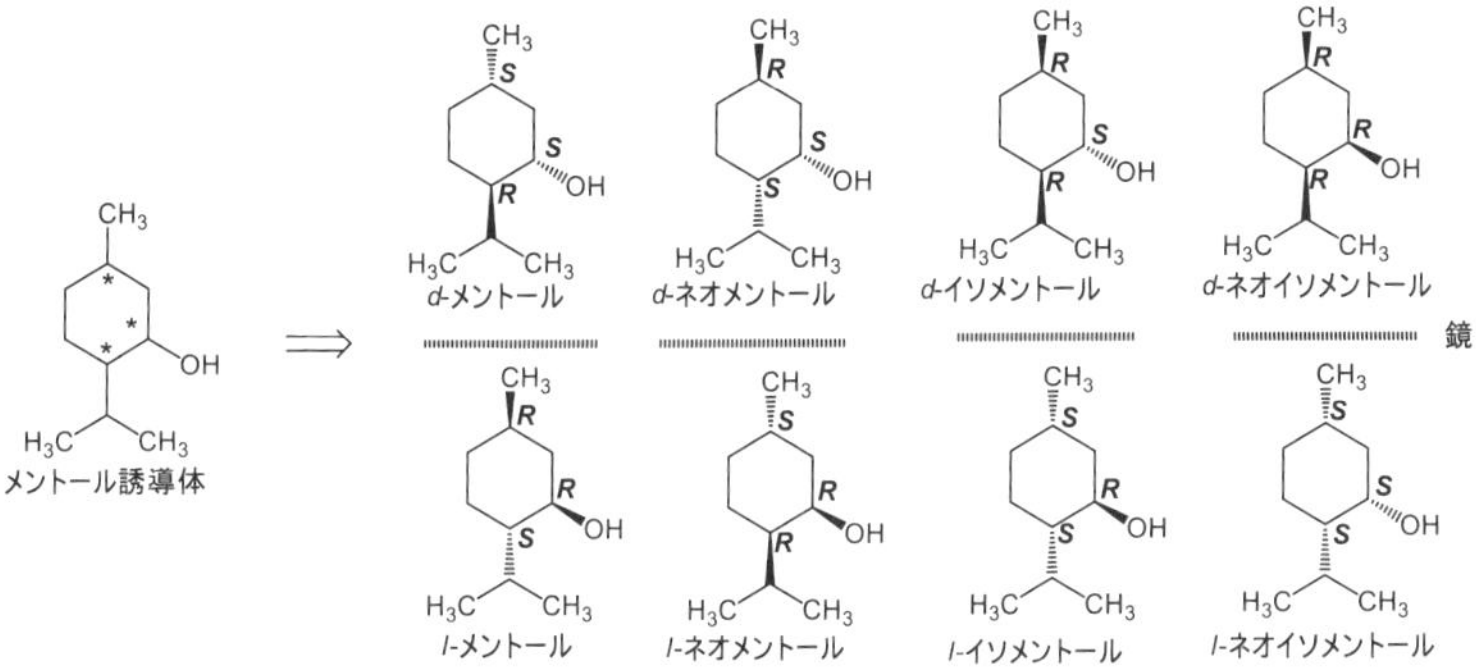

図 4-13　メントールの誘導体は不斉炭素（*印）を 3 つ持っているため、2 の 3 乗の 8 種類の立体異性体が存在する。各上下の関係は鏡像異性体の関係となっており、4 組の鏡像異性体の関係が存在する。そのほかの関係はすべてジアステレオマーの関係となる。

物では多くの鏡像異性体やジアステレオマーの関係にある立体異性体が存在することになるが、一般的には一方の鏡像異性体が存在して、限られたジアステレオマーのみが植物や微生物によって生合成されている。

トリテルペン誘導体などでは8～10以上の不斉炭素があるため、立体異性体の数は理論的には数百から1000以上になると考えられる。しかし、植物は特定の立体配置を持ったものを生合成している。例えば、植物に広く存在している代表的なトリテルペンであるオレアノール酸は、9個の不斉炭素が存在するため理論的には512種類の立体異性体が存在しうるが、植物から得られるオレアノール酸は図4－14に示す立体異性体1種類のみが知られている。当然その鏡像異性体であるエントオレアノール酸は非天然体で自然界には存在しない。ちなみに、「エント」は逆の立体配置の意である。

多数の不斉炭素が存在し特に有名な例では、名古屋大学の平田義正らにより海産のイワスナギンチャクから分離構造決定された高分子化合物パリトキシン（分子式$C_{129}H_{223}N_{3}O_{54}$）がある。有毒物質で、64個の不斉炭素を持っている。そのため、理論上は2^{64}で、およそ1.8×10^{19}という膨大な種類の立体異性体が存在することになるが、実際は1種類のみが自然界から得られて構造決定されている（図4－15）。実は何種類かの立体異性体が存在していて、たまたま1種類しか分離されていない可能性もあるが、いずれにしても無限の可能性の立体異性体のうち限られた立体異性体だけが生合成されていることになる。

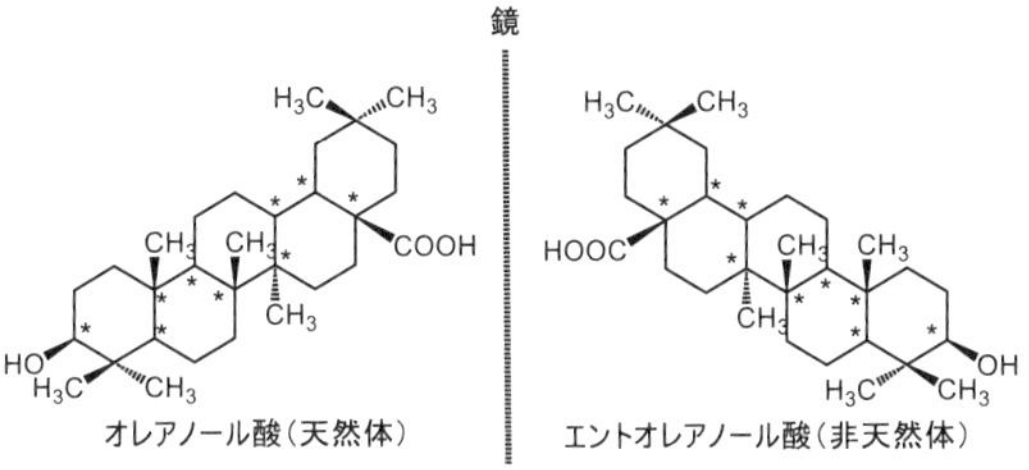

図 4-14　オレアノール酸は、*印で示した 9 つの不斉炭素を有するため 512 種類の立体異性体が存在しうるが、実際には左のオレアノール酸のみが天然体として存在する。

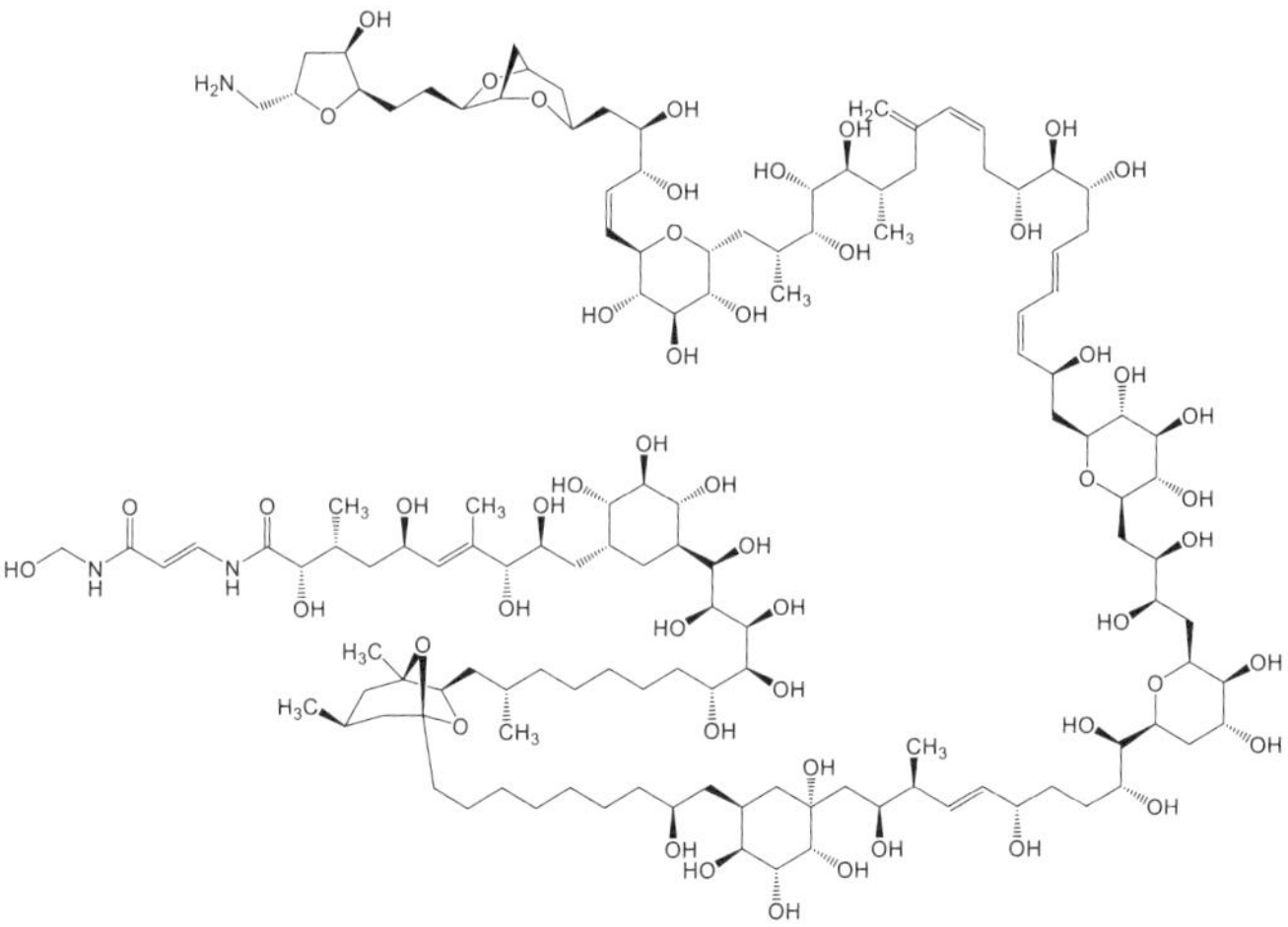

パリトキシン

図 4-15　64 個の不斉炭素を持つパリトキシンには、理論上 1.8×10^{19} 種類の立体異性体が存在しうるが、自然界からは 1 種類のみが分離されている。

不斉炭素を持たない鏡像異性体

アミノ酸や糖などの生体成分、テルペノイドなどの天然有機化合物はじめ光学活性を示す有機化合物のほとんどは不斉炭素を持つ鏡像異性体であるが、数は少ないものの不斉炭素を持たない鏡像異性体も存在する。

ビフェニル誘導体、アレン誘導体、アルキリデンシクロアルカン誘導体、スピラン誘導体などは結合軸の回転が阻害されることで発生する不斉で、軸性不斉と呼ばれる。パラシクロファン誘導体などは環状の側鎖がベンゼン環などの面をくぐることが阻害されて発生する不斉で、面性不斉と呼ばれている。

軸性不斉誘導体

ベンゼン環同士が結合したビフェニル誘導体を図4-16に示す。aのようにベンゼン環同士の結合に関わる炭素の隣の隣であるメタ位にW、X、Y、Zの置換基が結合しても、置換基同士はぶつかることがなく、2つのベンゼン環を結ぶ一重結合の自由回転が阻害されないため不斉とはならず鏡像異性体は存在しない。bのように、ベンゼン環同士の結合に関わる炭素の隣の両オルト位に置換基が結合して自由回転が阻害されても、同じ置換基の場合は不斉とはならず鏡像異性体は存在しない。cのようにベンゼン環同士の結合に関わる炭素のオルト位にW、X、Y、Zの置換基が結合し自由回転が

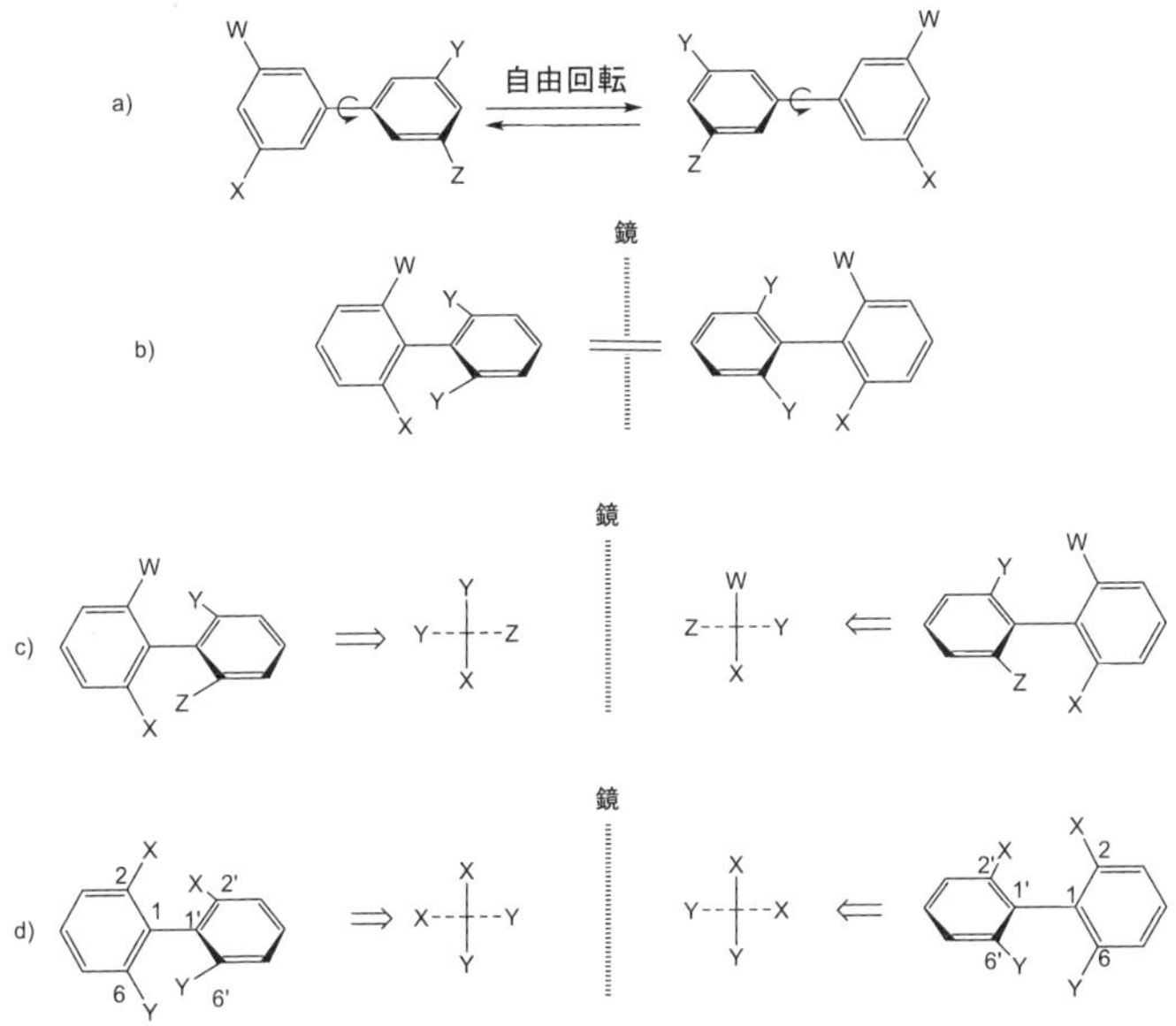

図 4-16　ビフェニル誘導体の不斉発現には、置換基による 2 つのベンゼン環をつなぐ一重結合の回転障害と両オルト位の置換基が異なることが必要である。回転が自由な a と、オルト位に同じ置換基が存在する b の場合には不斉は生じない。オルト位の置換基がすべて異なる c および、両オルト位の置換基が異なる d の場合は不斉が生じる。

阻害され、これらがすべて異なる置換基であれば問題なく不斉となり、鏡像異性体が存在することになる。鏡像異性体が存在する必須条件は、両オルト位の置換基が異なっていることであるため、dのように両方のベンゼン環において両オルト位である2位と6位および2'位と6'位の置換基がXとYと異なるビフェニル誘導体も、不斉となり鏡像異性体が存在する。このように、ビフェニル誘導体の回転障害により生ずる鏡像異性を、特にアトロプ異性と呼ぶ。

不斉炭素を持たないが光学活性を示すアレン誘導体、アルキリデンシクロアルカン誘導体、スピラン誘導体の例を図4－17に示す。

連続した二重結合を持つ化合物をアレン誘導体と呼ぶ。二重結合は回転できないため、両端の炭素に結合する置換基が直交する。このとき、同じ炭素に結合する置換基が異なれば鏡像異性体が存在することになる。当然置換基がすべて異なれば鏡像異性体が存在することになる。同じ炭素に同じ置換基が結合した場合には鏡像異性体は存在しない。

環状構造の炭素から環の外側に二重結合が存在するアルキリデンシクロアルカン誘導体も、二重結合と環状構造は回転できないため、アレン誘導体と同様に両端の炭素に異なる置換基が結合している場合は鏡像異性体が存在する。

1つの炭素を共有して2つの環がつながったスピラン誘導体の場合も、環状構造は回転できないため、アレン誘導体と同様に末端の炭素上に異なる置換基が結合することにより鏡像異性体が存在する。

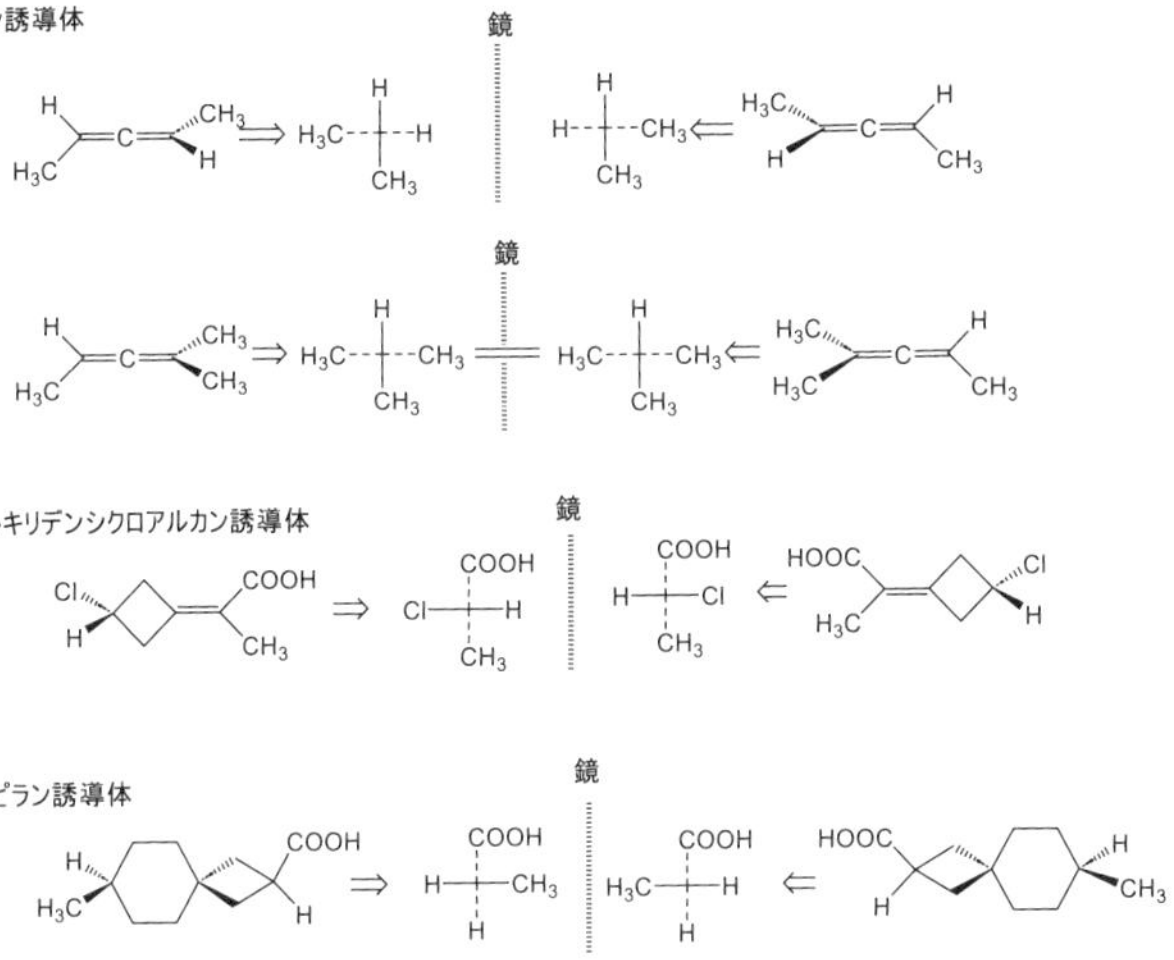

図 4-17　軸性不斉の化合物グループとしてアレン誘導体、アルキリデンシクロアルカン誘導体、スピラン誘導体が知られている。これらの化合物は、二重結合や環状構造が一つの炭素を共有して結合した場合に生ずる不斉の例である。

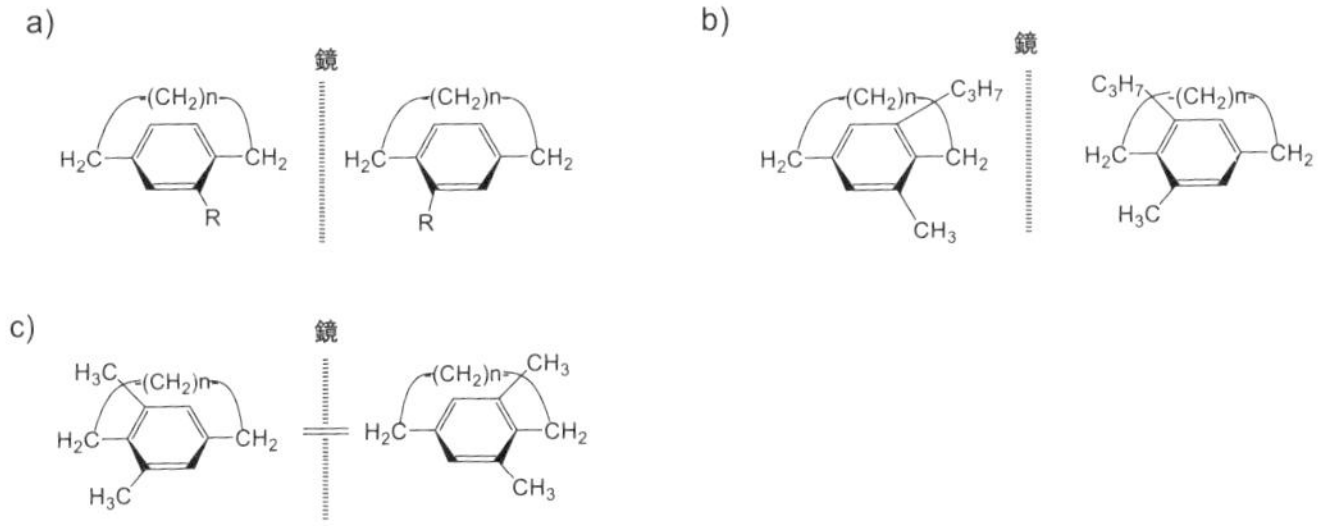

図 4-18　パラシクロファン誘導体ではベンゼン環の非対称な位置に置換基が存在し、炭素鎖ループが短くループの回転が阻害されると不斉が生じて光学活性となる。

面性不斉誘導体

ベンゼン環のパラ位の間で炭素鎖がつながったパラシクロファン誘導体と呼ばれる化合物では、ベンゼン環が非対称となるように置換基が存在し、環状のアルキル鎖が短くベンゼン環がくぐり抜けることができない場合は、図4－18に示すように鏡像異性体が存在する。ベンゼン環に結合した置換基が大きければ炭素鎖のループの回転がより阻害されるため、炭素鎖が長くなっても鏡像異性体が存在しやすくなる。一方、炭素鎖の炭素数が多くなればループが回転しやすくなるためラセミ化が起こり、鏡像異性体の取り出し（鏡像異性体として入手すること）は不可能となる。

図4－18のａのように1つの置換基が結合している場合、炭素鎖の炭素数が8個のときはループがベンゼン環をくぐれないため鏡像異性体が存在するが、炭素鎖の炭素数が9以上では置換基のない側をループが回転しラセミ化が起こる。ｂのように両オルト位に異なる置換基が結合している場合、ループの回転ができなくなり、炭素鎖が9個以上でも鏡像異性体が発生する。一方、ｃのように両オルト位に置換基が存在してループがベンゼン環をくぐることができなくなっても、対称の位置に同じ置換基が結合している場合には鏡像異性体は発生しない。

以上で述べたように、光学活性の化合物は不斉炭素を持つものが大部分であり、アミノ酸や糖の場合ではＤ／Ｌ表記が用いられているが、大部分の光学活性を持つものはR／S表記が用いられている。数は少ないが不斉炭素を持たない光学活性化合物も存在している。

第5章　生物におけるホモキラリティーの働き

生命活動に重要な役割を果たしているタンパク質を構成するアミノ酸や、核酸の構成糖であるリボースやデオキシリボースなどの糖類では、厳格なホモキラリティーが維持されている。その結果タンパク質や核酸が高度な機能を果たし、生物が繁栄進化して38億年生き永らえ、今のような緑溢れる生命に満ちた地球が誕生した。本章では、ホモキラリティーが維持されている生体成分について述べる。

アミノ酸がつながってタンパク質が作られる

タンパク質は生体成分の中でも最も重要な物質で、食物の消化、吸収、代謝、排泄、エネルギーの生産、成長、生殖などの生命活動を行うための化学反応を触媒する酵素として、また筋肉や腱、骨、皮膚、頭髪などの身体の主要な構成成分として、さらには薬や味、香りなど化学物質の受容体として働いている。

ヒトの体の約60％が水で、約20％がタンパク質、約15％が脂質で構成されている。ヒトの体内には10万種類余りのタンパク質が存在しているといわれている。我々の細胞内は水で満たされており、その中では命を維持していくための膨大な化学反応が絶え間なく行われている。通常、化学反応は水中では起こりにくいが、生命活動のための反応はすべて水の中で行われなければならない。しかし、このような困難もタンパク質である酵素が働くことにより克服し、生命現象がスムーズに行われている。まさに酵素は生体触媒といわれる所以である。

第2章でも触れた通り、多数のアミノ酸が縮合して作られるタンパク質は、鎖状の一次構造がα－ヘリックスやβ－シート構造といわれる二次構造となり、さらに折り畳まれ三次構造となる。複数の三次構造タンパク質が集まり四次構造を形成することで、酵素が機能を発揮する。生理活性発現のための高次構造である三次構造や四次構造の形成には金属や糖が関与している。酵素はその表面に極性の高いアミノ酸部分を露出させて水と親和性を示すため、細胞内の水になじんで分散できる。酵素の内側には脂溶性アミノ酸からなる部分と、特に反応に関与する官能基を持つ塩基性や酸性アミノ酸を配置することにより、反応を行うスペース、すなわち反応ポケットを形成する。脂溶性環境のポケットに基質を取り込むことで効率的に反応を行うことが可能となり、水で満たされた細胞の中で、しかも高い基質特異性を持って効率的に反応（化学物質の代謝）を行うことができる。

匂いを感ずる嗅覚細胞や味を感ずる味覚細胞にはそれぞれ受容体が存在しており、酵素と同様にタンパク質で構成されており、高い基質特異性と鏡像異性体に対する特異性を発揮している。医薬品も、タンパク質で構成された薬物受容体によって受容されることで、基質特異性、立体特異性を発揮して

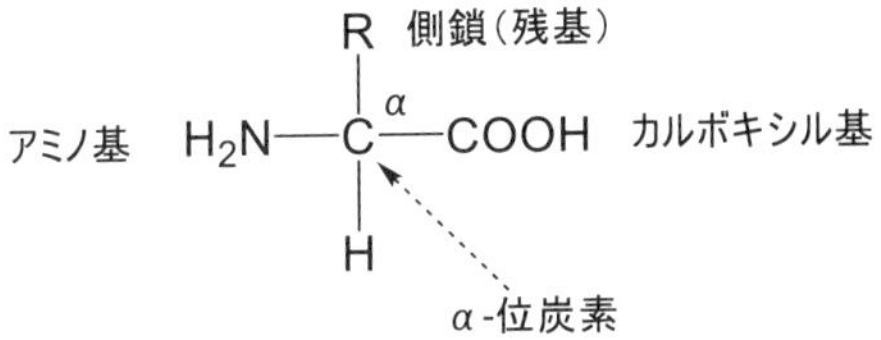

図5-1　タンパク質を構成するアミノ酸は、α-位炭素にアミノ基が存在するα-アミノ酸で、R側鎖の違いで20種のアミノ酸が存在する。このうちRがHのグリシンは不斉炭素を持たないが、他の19種のアミノ酸は不斉炭素を持ちすべてL-アミノ酸である。

生理活性が発現する。

以上のように、酵素により代謝を受ける化学物質にしても、香り物質、味覚物質、医薬品のような化学物質にしても、ホモキラリティーが維持されL－アミノ酸のみによって構成された酵素や各種受容体によって厳しい鏡像異性体の識別が行われる。

アミノ酸の構造と働き

分子中に塩基性のアミノ基（NH_2）と酸性のカルボキシル基（COOH）を持つ化合物をアミノ酸と呼ぶ。自然界には５００種余りのアミノ酸が知られているが、地球のすべての生物ではタンパク質合成に共通の20種のアミノ酸が用いられている。不斉炭素を持たないグリシン以外の19種のアミノ酸はすべてL－アミノ酸がタンパク質合成に用いられ、ホモキラリティーが厳しく維持されている。

タンパク質合成に用いられているアミノ酸はα－L－アミノ酸で、一般式を図５－１に示す。アミノ基がカルボキシル基の隣のα－位炭素に存在することでα－アミノ酸と呼び、グリシン以外の19種のアミノ酸ではこのα－位炭素が不斉炭素となり、その鏡像異性がL－体となっている。側鎖であるRはアミノ酸によって異なっており、この側鎖の違いが20種類のアミノ酸の個性を示すことになる。Rの種類が異なることで、極性アミノ酸、脂溶性アミノ酸、酸性アミノ酸、中性アミノ酸、塩基性アミノ酸が存在することになり、これらのアミノ酸の構成内容により酵素などのタンパク質の個性が発揮される。

アミノ基がカルボキシル基の2つ隣り、すなわちβ－位に移動したアミノ酸は一般名β－アミノ酸と呼ばれ、図5－2に示した例は、β－アラニンと呼ばれる。さらに炭素鎖が延び、カルボキシル基の3つ隣りの炭素、すなわちγ－位にアミノ基が結合したアミノ酸は一般名をγ－アミノ酸といい、γ－アミノ酪酸がその例である。しかし通常はアミノ酸といえば、タンパク質合成に関わる20種のアミノ酸を指す。

グリシン以外の19種のL－アミノ酸のうちプロリンのみが環状のアミノ基を持つ特殊な構造を持っている。20種類のタンパク質構成アミノ酸の構造式を図5－3に示す。なお前章で述べた通り、アミノ酸と糖は、鏡像異性の立体表示は、D／L表記で示すのが普通であるが一般的な立体表示である*R*／*S*表記で示すこともできる。*R*／*S*表記で示すと、β－位にイオウ原子が置換しているシステイン以外はすべて*S*－配置で、システインは*R*－配置となる。

ペプチドやタンパク質では、構成するアミノ酸がどのようにつながっているかを表示する必要がある。多数のアミノ酸がつながっている順番を示す場合、それぞれのアミノ酸をフルネームで記載するのは記述が長くなり不都合が生じるため、アミノ酸の名前をアルファベットの3文字および1文字で表すのが普通である。特に多数のアミノ酸がつながった場合は1文字表記が用いられる。図5－3の

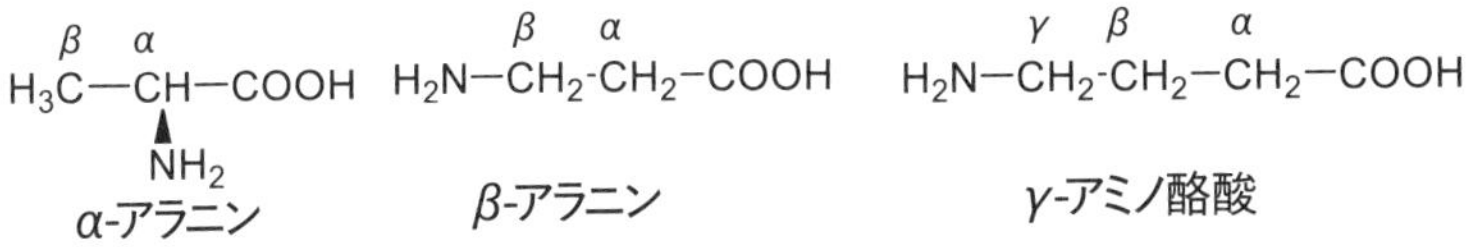

図 5-2　カルボキシル基の隣の炭素をα-位炭素、その隣をβ-位炭素、さらに隣をγ-位炭素という。図に示すように、アミノ基の結合位置を示してアミノ酸が命名される。

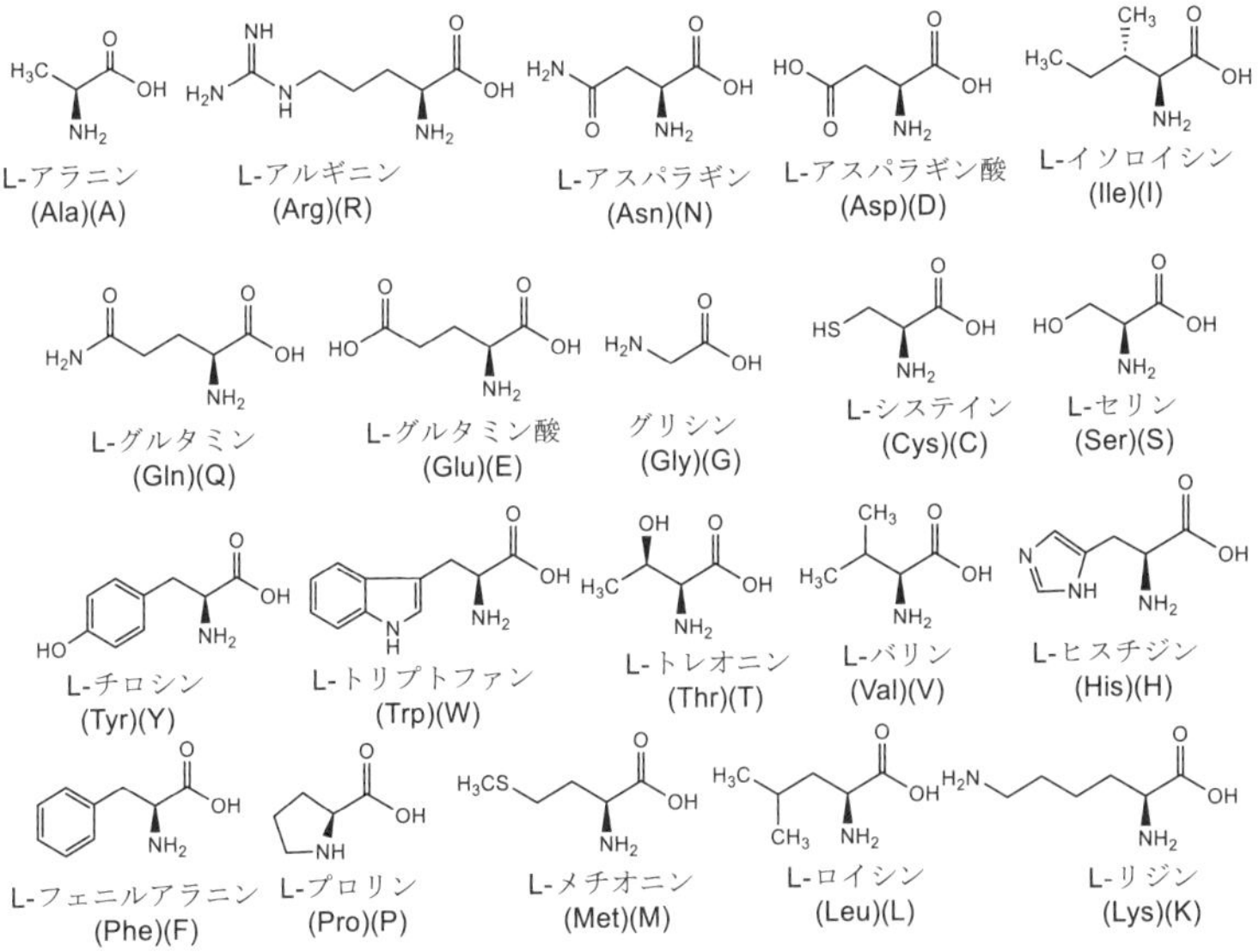

図 5-3　タンパク質を構成するアミノ酸は 20 種で、すべてα-アミノ酸である。グリシン以外の 19 種のアミノ酸は、不斉炭素を持ち光学活性でL-アミノ酸である。3 文字表記と 1 文字表記の略号を括弧書きで示した。

各アミノ酸の下にそれぞれの略号を示す。例えば、アルギニン－グルタミン酸－アラニン－システイン……とつながった場合、3文字表記ではArg-Glu-Ala-Cys-……と表記される。1文字表記で記述すれば、R-E-A-C-……と簡潔に記述できる。

タンパク質合成に関わる20種のアミノ酸のうち、我々が体内で合成できないため食品などとして外部から摂取する必要のある9種類のアミノ酸、イソロイシン、トリプトファン、トレオニン、バリン、ヒスチジン、フェニルアラニン、メチオニン、ロイシン、リジンは必須アミノ酸と呼ばれ、栄養学上重要なアミノ酸である。バリン、ロイシン、イソロイシンは枝分かれしたアルキル側鎖を持っていることから分枝アミノ酸（ＢＣＡＡ）と呼ばれ、筋肉の35～40％を占め、筋肉のエネルギー代謝と関わっていると考えられている。トリプトファン、チロシンは脳の情報伝達物質として重要で、それぞれ神経伝達物質であるセロトニンとドーパミンの前駆物質として働く。

図５－４に示すように、アミノ酸のカルボキシル基（COOH）とアミノ基（NH_2）の間で脱水反応が行われ、ペプチド結合が形成され重合してタンパク質が形成される。側鎖のR、R'、R''、R'''はアミノ基（NH_2など）を持った塩基性のもの、カルボキシル基を持った酸性のもの、水酸基（OH）を持った極性のもの、アルキル基（CH_3や$CH_2CH_2CH_3$など）を持った中性で脂溶性なものなど、多彩な性質を持っている。タンパク質の鎖状構造は単純なペプチド結合の繰り返しであるが、多数のアミノ酸がつながった鎖状のタンパク質分子は、分子中のアミノ酸の性質（極性、脂溶性、酸性、中性、塩基性）やアミノ酸分子間の水素結合などにより二次構造を形成、またジスルフィド結合（Ｓ－Ｓ）や他の分子や金属の関与などにより、さらに折り畳まれ高次の三次構造や複数のタンパク質が寄り集

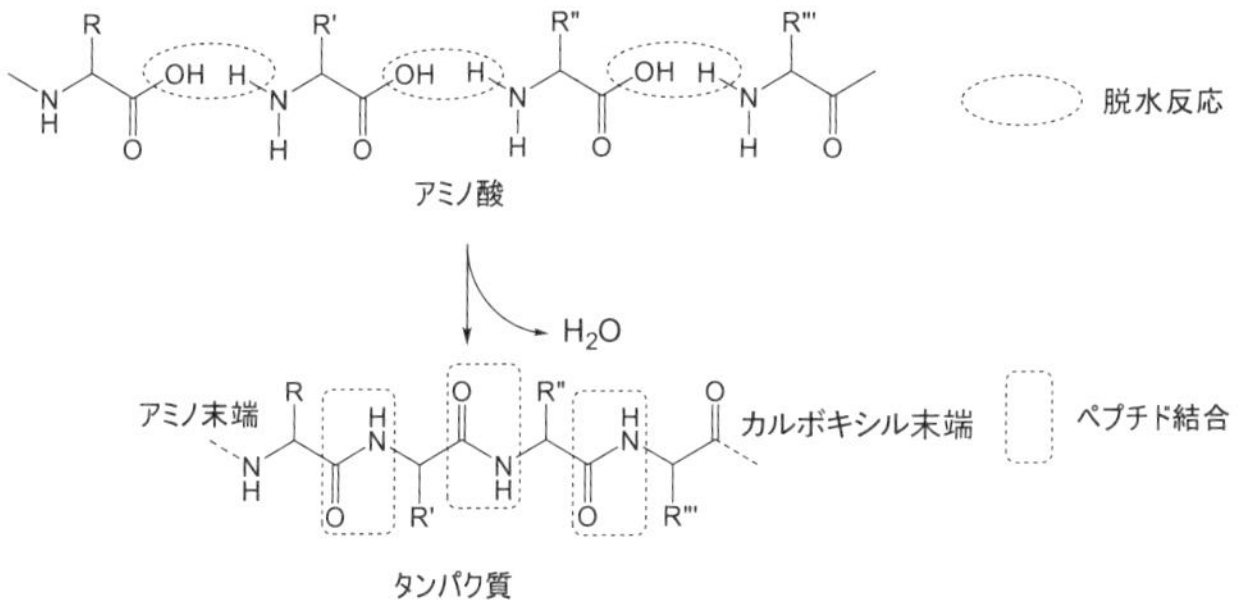

図5-4　アミノ酸のカルボキシル基と別のアミノ酸のアミノ基が順次脱水縮合して、ペプチド結合が形成されタンパク質が形成される。

まった四次構造となることで、酵素活性などの複雑で緻密な生理活性を行うことができるようになる。

　アミノ酸をD／L表記で示すことにより、地球生物のタンパク質の合成においてはL－アミノ酸のみを用いるホモキラリティーが維持されていることを端的に表現できる。最も単純な光学活性アミノ酸であるアラニンと、最も複雑なアミノ酸であるトリプトファンのフィッシャー投影式を図5－5に示す。フィッシャー投影式で、L－アミノ酸ではアミノ基が左側に、D－アミノ酸ではアミノ基が右側に来る。

　生物の体内で働いている酵素、薬物受容体、香り物質や味覚物質受容体は多くのL－アミノ酸が重合した巨大なタンパク質であるために高度に鏡像異性体を区別する能力を備えている。

　L－アミノ酸とD－アミノ酸を区別して分析する技術が進んでいない時代には、D－アミノ酸の存在は知られていたが、微生物の特殊なペプチドにD－アミノ酸が存在していることぐらいの認識しかなかった。近年、分析技術の向

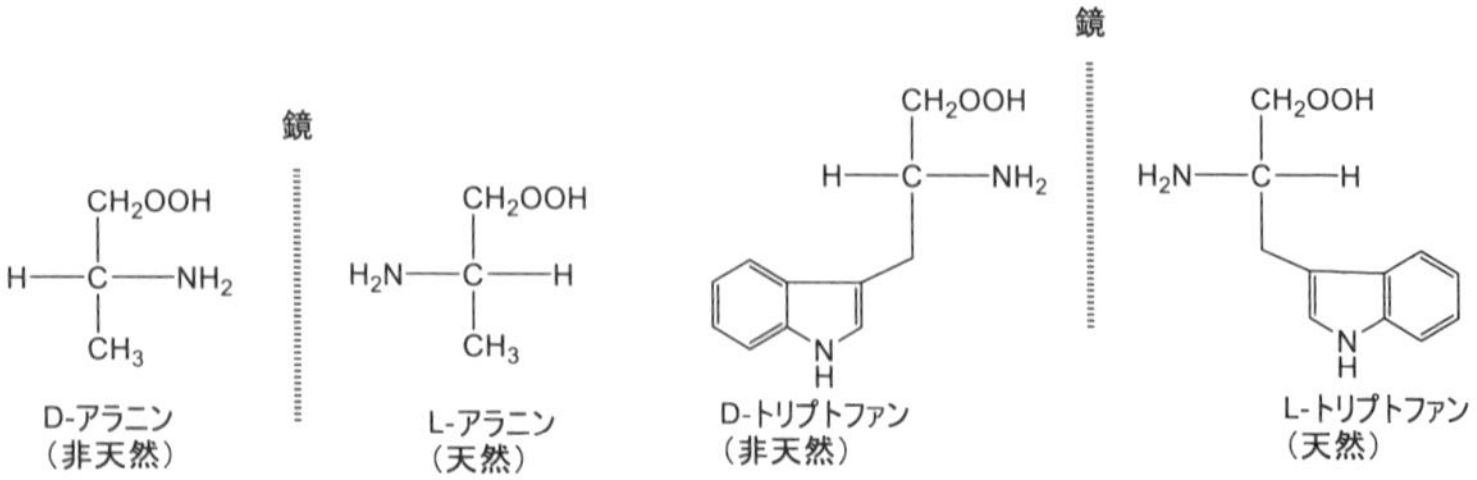

図 5−5　光学活性なアミノ酸のうち最も小さなアミノ酸であるアラニンと、インドール骨格を持つ大きなアミノ酸であるトリプトファンのD・L体のフィッシャー投影式を示す。

上によりアミノ酸の鏡像異性体を分別分析することが容易となり研究が進んだ結果、我々ヒトをはじめすべての生物にD－アミノ酸が存在し、いろいろな重要な生理現象に関係している可能性が明らかになりつつある。ただし、タンパク質の構成アミノ酸は先に述べた20種のアミノ酸で、不斉炭素を持たないグリシン以外はすべてL－アミノ酸であることは変わりない。D－アミノ酸に関してはコラム5参照。

天然の糖はD－系列

生物の生命維持に必要な生体成分として、アミノ酸やタンパク質、核酸、脂質と共に糖が重要なことは周知のことである。地球の炭素（エネルギー）循環を駆動している植物の光合成で、二酸化炭素と水から最初に作られる物質がD－グルコース（ブドウ糖）という糖である。自然界にはL－グルコースは存在していない。D－グルコースはさらに解糖系を経由し、各種の代謝を受けさまざまな糖、アミノ酸や核酸、脂質などの生命に関連した化合物に変わっていく。核酸（RNA、DNA）の重要な構成成分であるリボースやデオキシリボースも糖である。このような糖も、アラビノースなど一部の例外を除いて基本的にはＤ－系列でホモキラリティーが維持されている。そのため、糖の鏡像異性に関する説明が必要となる。

糖の基本的な鎖状の構造は末端にホルミル基（CHO）を持つアルドースである。アルドースの基本となる三炭糖であるＤ－グリセルアルデヒドから出発し、炭素が1個ずつ増え四炭糖（アルドテトロース）に、次いで五炭糖（アルドペントース）、六炭糖（アルドヘキソース）となっていく。図5－6に示すように、炭素数が増えるに従いジアステレオマーの数が増えていく。Ｄ－系列の糖において、四炭糖には2つ、五炭糖には4つ、六炭糖には8つのジアステレオマーが存在することになる。理論的には、これらの鏡像異性体であるＬ－系列の糖が存在しうるが、アラビノース、ラムノースなど一部の例外を除いて、自然界には右手型のＤ－系列の糖のみが存在するホモキラリティーが維持されている。

なお、図5－6における不斉炭素を2つ以上持つ四炭糖、五炭糖、六炭糖それぞれにおいて、横並びの糖同士はお互いにジアステレオマーの関係となる。例えば六炭糖では、8つの糖はすべて同じ平面構造を持っており立体配置が異なるジアステレオマーであり、それぞれ異なる化合物であるため名前が付いている。

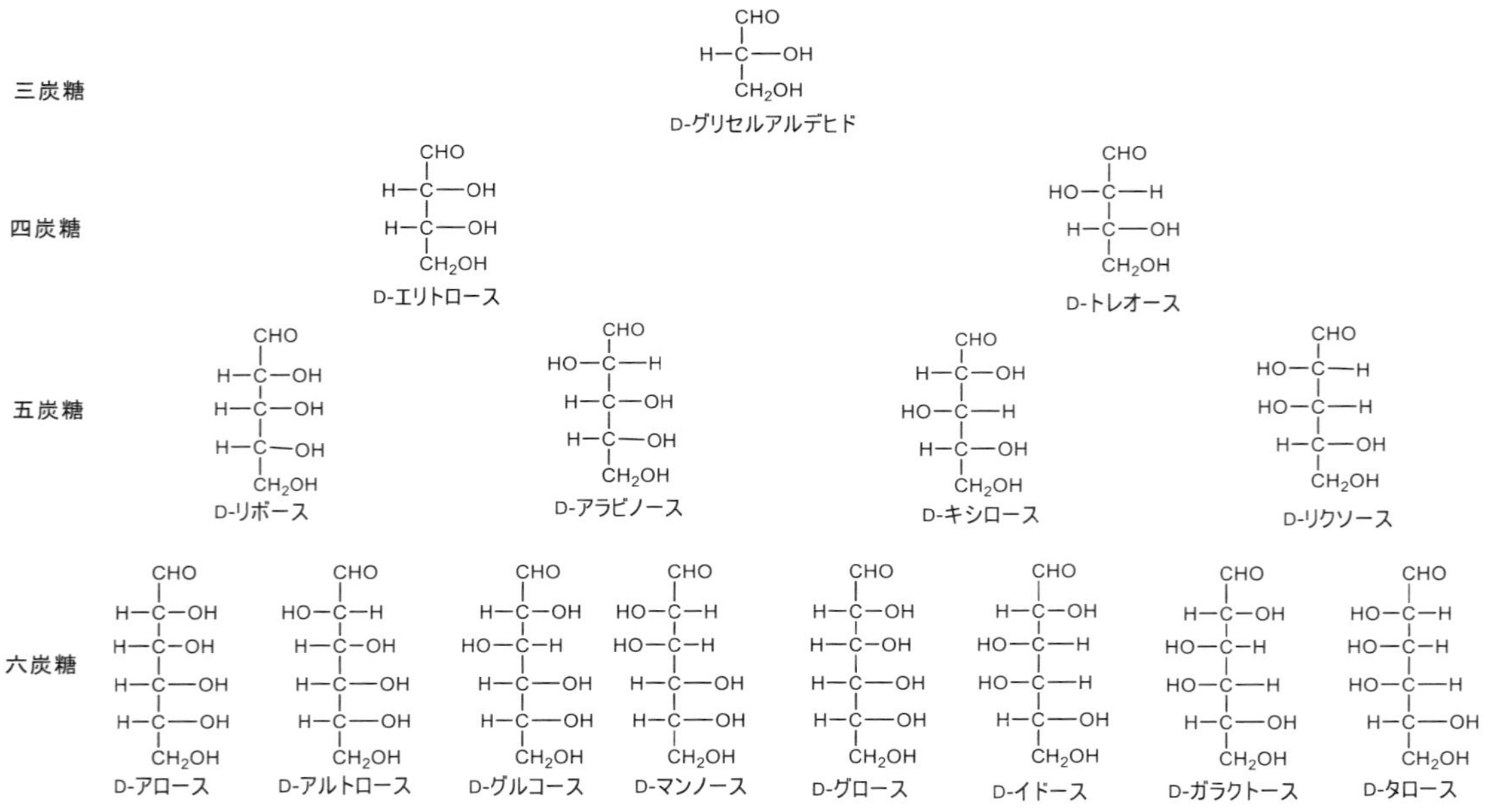

図 5–6　三炭糖であるD–グリセルアルデヒドを起点に、アルキル側鎖の炭素数が増えていくことにより形成されるD–系列の糖を示す。炭素鎖が延びるに従い、立体異性体であるジアステレオマーの数が増えていく。

糖の環状構造

図5－6では鎖状の糖の構造を示したが、炭素数5つのアルドペントースや炭素数6つのアルドヘキソースでは、鎖状の状態で存在することはなく、より安定な環状の6員環（ピラノース構造）や5員環（フラノース構造）として存在する。D－グルコースのピラノース構造の形成の例を図5－7に示す。環構造の形成に関わる炭素は、鎖状構造のホルミル基（CHO）の炭素で新たに不斉炭素となり、アノマー炭素と呼ばれる。そこに結合する水酸基が上向きのβ－形（β－アノマー）と下向きのα－形（α－アノマー）の2つの立体異性体が存在する。両異性体はお互いにジアステレオマーの関係で、鎖状構造を経由して交換している。

糖の環状構造の形成の機構について図5－8で説明する。aのように、アルデヒド誘導体のホルミル基（CHO）のカルボニル基の酸素原子側に電子が引かれ、水素イオン（H^+）がこれを助けることにより、カルボニル基の炭素はプラスにチャージ（δ^+）する。ここをアルコール誘導体の水酸基（OH）の酸素上の孤立電子対が攻撃することにより、ホルミル基の炭素と水酸基の酸素との間に結合

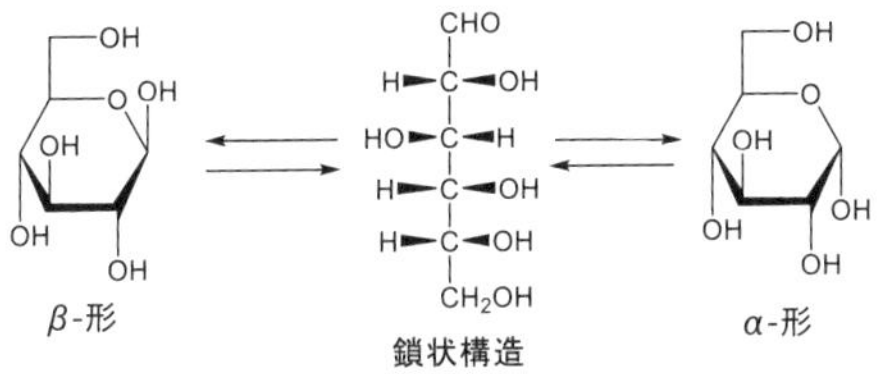

図5-7　D-グルコースのピラノース構造では、アノマー炭素に結合する水酸基が上向き（β-形）と下向き（α-形）の立体異性体が存在し、鎖状構造を経由して交換している。

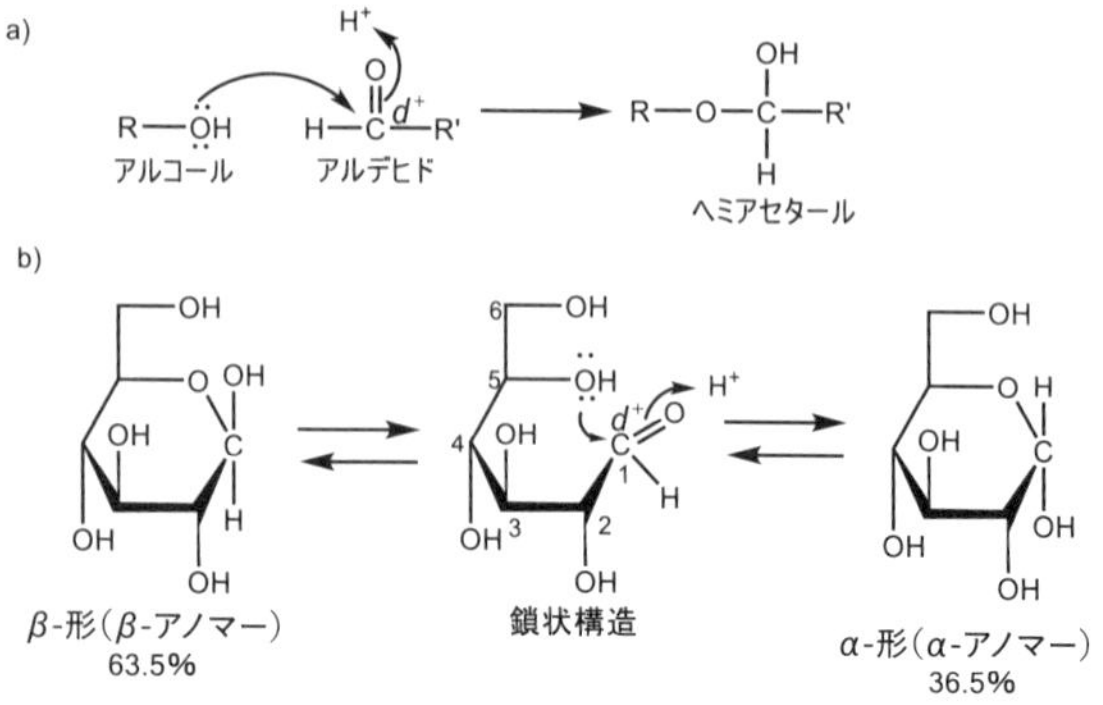

図5-8　アルコール誘導体とアルデヒド誘導体は、aに示すようにヘミアセタール誘導体を形成する。グルコースなどの糖は、分子内に水酸基とホルミル基を持つためbに示すように分子内で環状のヘミアセタール構造を形成し、6員環のα-アノマーとβ-アノマーが生成される。

が形成され、ヘミアセタール誘導体ができる。bのように糖の分子内にホルミル基と水酸基の両者を持ちその空間距離関係が6員環構造の形成に適している場合、分子内でこの反応が起こり、環状のヘミアセタール誘導体が形成される。

通常、天然の糖は五炭糖や六炭糖が普通であるが、鎖状構造で存在することはない。これらの糖では末端のホルミル基（CHO）と5位の水酸基との間にヘミアセタール結合を形成して6員環のピラノース構造をとることがエネルギー的に有利である。末端ホルミル基と4位の水酸基が環状ヘミアセタール結合を形成すると、5員環のフラノース誘導体となる。5員環や6員環はエネルギー的に安定な大きさであるためフラノース構造やピラノース構造が形成されるが、その他の環状構造は存在しない。

β-アノマーとα-アノマーはそれぞれの安定性により存在割合が異なっており、グルコースの場合、水溶液中、室温でβ-アノマーが63・5%、α-アノマーが36・5%である。鎖状構造は通過点として瞬間的に存在するだけでその存在確率は低い。なお、糖によっては末端ホルミル基と4位の水酸基との間でヘミケタール結合を形成し、5員環であるフラノース環を形成する場合も稀に見られ、核酸の構成糖であるリボースやデオキシリボースがその例である。

デンプンとセルロースは似て非なるもの

植物が合成して蓄えているデンプンやセルロースなどの多糖類は、人類をはじめとする動物が生きていくための重要なエネルギー源となっている。共に、D－グルコースの1位と4位の水酸基が脱水重合してつながっているが、重合するグルコースがα－ピラノース構造を持つかβ－ピラノース構造を持つかによりその重合体であるデンプンとセルロースとなり、その物理化学的性質は大きく異なる（図5－9）。α－ピラノース構造のD－グルコースが大量につながったデンプンは螺旋状の軟らかな構造を持っており、小麦、米、ジャガイモ、サツマイモなどの貯蔵物質となっている。β－ピラノース構造のD－グルコースがつながったセルロースは、ジグザグな鎖状構造を持つ繊維状の高分子で、植物の表皮や樹皮、細胞壁などとして体を支える重要な物質として働いている。綿や麻の繊維のように丈夫な構造を持っており、水には溶けない。セルロースは地球上で最も大量に存在する炭水化物であり、綿や麻の布や紙などとして我々の日常生活に多くの恩恵を与えてくれている。

デンプンは粒子状で水に溶け、ヒトをはじめ多くの生物の炭素（エネルギー）源となっており、特

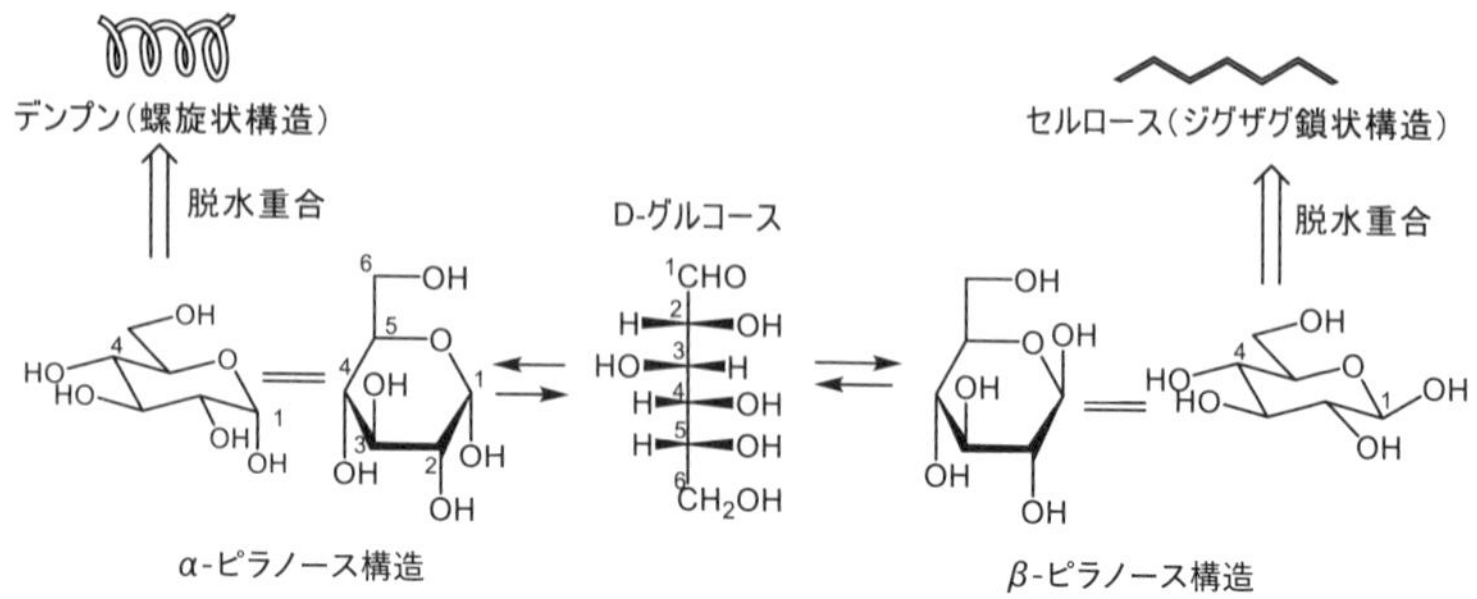

図５−９　D−グルコースではα−ピラノース構造とβ−ピラノース構造が存在する。α−ピラノース構造が１位と４位の水酸基同士で脱水重合してデンプンが、同様にβ−ピラノース構造が重合することでセルロースが生成する。デンプンは螺旋状構造、セルロースは鎖状構造となっている。

に我々には小麦粉や米などとして日々の生活になくてはならないものとなっている。ヒトは、デンプンを加水分解するα－グルコシダーゼ活性を持つ加水分解酵素であるエムルシンを持っているため、デンプンを消化吸収しエネルギー源として利用できる。

一方、セルロースは草食動物などの重要なエネルギー源となっている。セルロースは化学的にも物理的にも安定な物質で水に溶けず、ヒトや雑食動物などには消化することができない。特殊な消化器官を持つ草食動物は、セルロースを加水分解するβ－グルコシダーゼを持つ微生物の助けを借り、セルロースを消化利用することができる。例えばウシ、キリンなどの反芻動物は4つの胃袋に、ウマやウサギなどでは長い腸の中に共生する微生物の力を借り長い時間をかけてセルロースの分解を行って炭素源として利用している。動物の体長に対する腸の長さを比べると、肉食動物のライオン、ネコ、オオカミや雑食性のヒトに比べ、草食性のウマ、ウシ、ヒツジ等は数倍の長さがある。それだけセルロースの分解は大変で、消化には長い時間が必要な

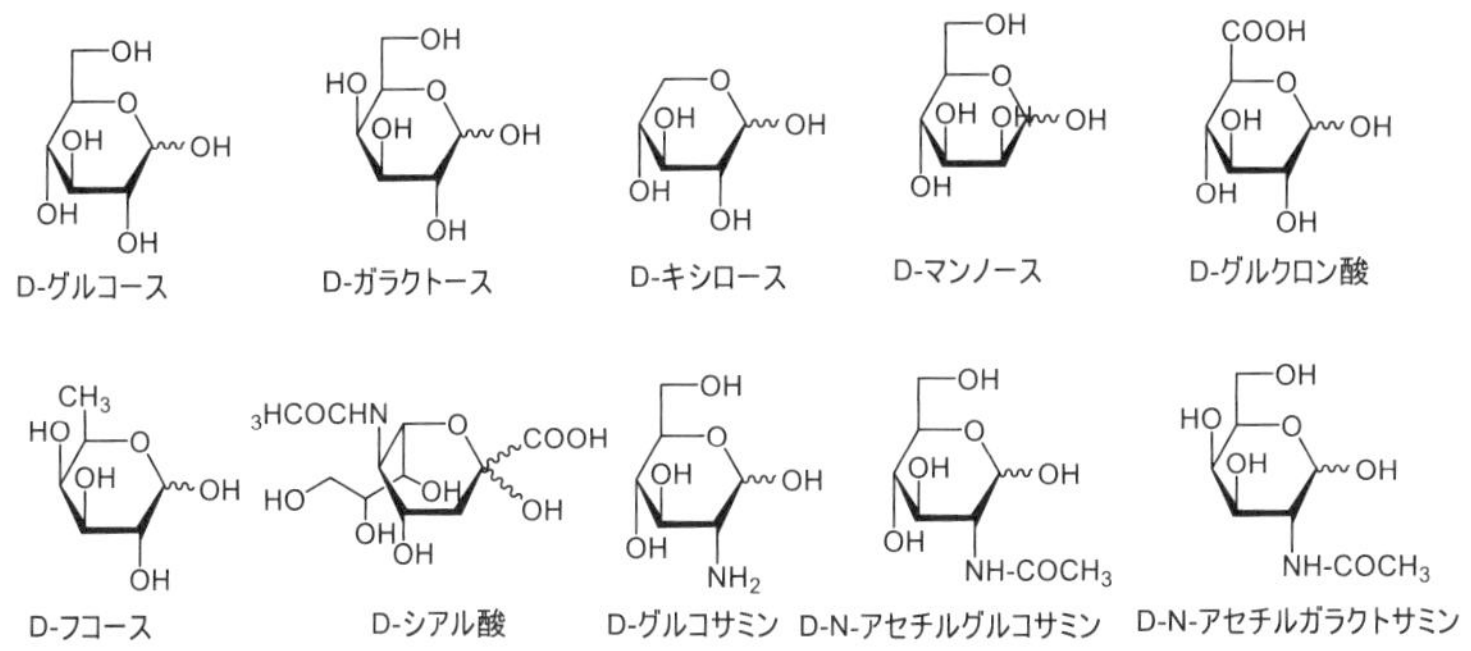

図5−10　これらの糖は重合体である多糖、糖脂質や糖タンパク質として生命活動の重要な働きを担っている。

のである。

生命活動における糖類の役割

グルコースをはじめ、ガラクトース、キシロース、マンノース、リボース、グルクロン酸、シアル酸、グルコサミン、ガラクトサミンなど多くの糖が知られている。これらの糖は重合してキチン、デンプン、セルロース、コンドロイチン硫酸、ガングリオシド、セラミドなどの糖鎖を形成し、生命活動に寄与している。また脂質と結合し糖脂質として、あるいはタンパク質と結合し糖タンパク質として、細胞膜形成、各種の受容体形成、血液型発現、免疫応答などに関与し重要な働きを行っている。生命活動に重要な役割を果たしている糖を図5－10に示す。

糖脂質は、細胞膜の構成成分としてだけでなく、細胞内の情報伝達物質としても働いており、セラミドは皮膚を構成する物質として重要な働きを担っている。そのため、健康な皮膚を維持するための物質として注目されている。

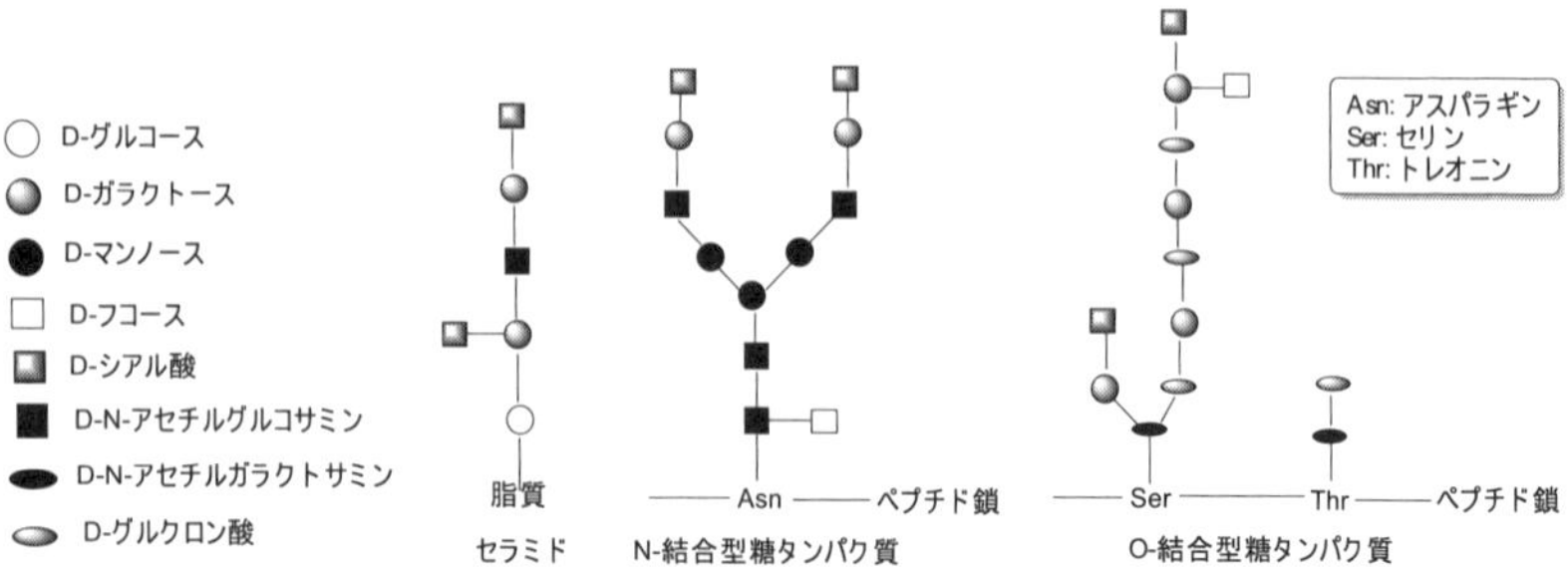

図5-11　糖脂質であるセラミドは、細胞膜形成や細胞内情報伝達物質として働いている。糖タンパクは細胞膜上の情報受容体、免疫、血液型などと関連して重要な働きを担っている。また、多くの酵素においても糖鎖が結合することでその活性を発現している。

多くのタンパク質は、さまざまな複数の糖が結合した糖鎖がさらに結合して機能が修飾されることで多彩な生理現象に関わっている。例えば、細胞表面の受容体、がんの腫瘍マーカー、免疫の調節、抗体の修飾、感染症の標的マーカー、血液型、酵素反応などである。糖タンパクには構造上、構成アミノ酸の窒素原子に糖が結合したN-結合糖タンパク質と、アミノ酸の水酸基の酸素原子に結合したO-結合糖タンパク質がある。N-結合型は糖鎖がペプチド鎖中のアスパラギン（Asn）の窒素原子に結合している。一方、O-結合型はペプチド鎖中のセリン（Ser）あるいはトレオニン（Thr）の酸素原子に糖鎖が結合している。

脂質に糖鎖が結合したセラミドやタンパク質に糖鎖が結合した糖タンパクの例を模式的に図5-11に示す。ここに示した糖タンパクや糖脂質の構成糖はすべてD-体で、厳格なホモキラリティーが維持されている。糖タンパクや糖脂質は体内に入ってくる基質の不斉を高度に認識して応答することで、繊細な生命活動に重要な働きを果たす。

糖の誘導体の中で我々に最も身近なものはショ糖である。

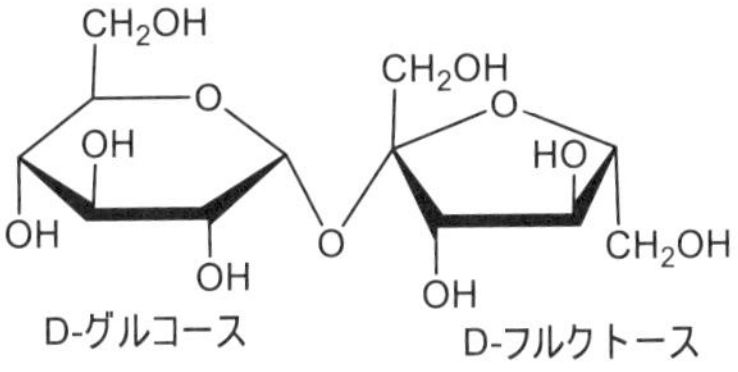

図 5−12　ショ糖は D−グルコースと D−フルクトースが脱水縮合した二糖類で、好ましい甘味を持っている。

甘味物質として我々の生活になくてはならない砂糖の主要な成分で、グラニュー糖、上白糖、角砂糖、氷砂糖などの99％以上を占めている。ショ糖は、サトウキビやテンサイから得られ、D－グルコース（ブドウ糖）とD－フルクトース（果糖）が脱水縮合した二糖類である（図5－12）。ショ糖は甘味と共にエネルギー源としても重要であるが、摂り過ぎは肥満の原因ともなり過剰な摂取は問題になっている。しかし、その甘味は多くの人にとって最も好ましい味覚であるため、ショ糖を含む食品は過剰に摂取される傾向にある。甘いものは別腹と言って多くの人がいろいろな形で食べ物や飲料から摂取している。そのため、栄養価のない人工甘味物質の需要が高くなっている。甘味料の中でもショ糖の甘味は最も人が好む甘さであるが、その構成糖がL－グルコースやL－フルクトースであれば人がまったく受けつけない味になってしまう。

核酸は高度に不斉

生物の生命活動を担うタンパク質の情報は、遺伝子であるデオキシリボ核酸（DNA）の中に記録されている。DNAは、D－デオキシリボースの1位に4種類の塩基（Base）であるアデニン（A）、グアニン

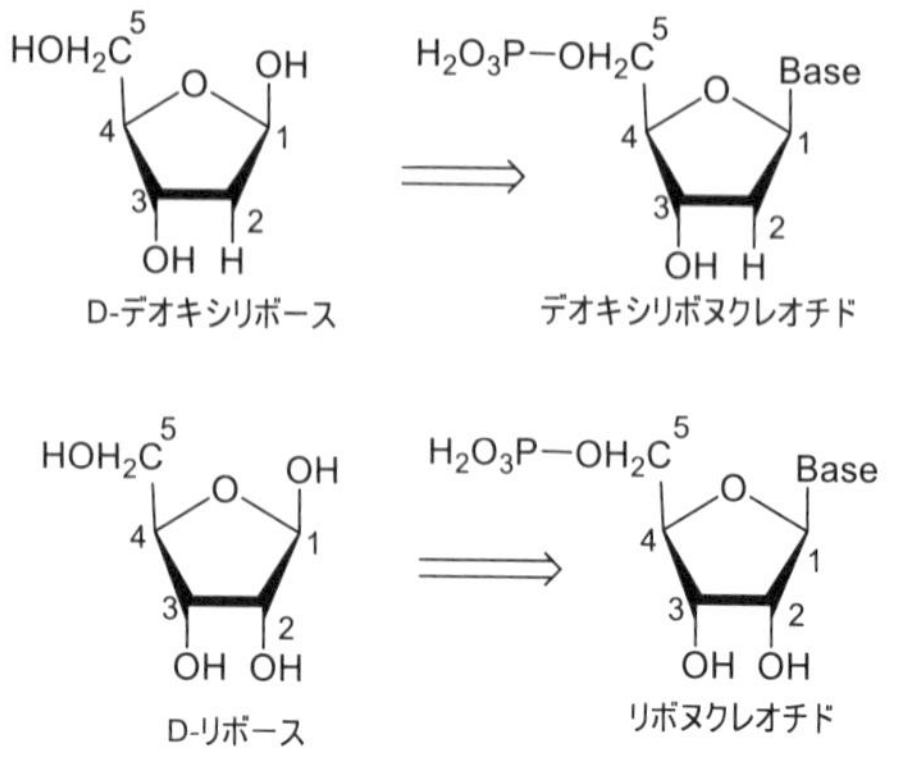

図 5−13　D−デオキシリボースの 1 位に塩基、5 位にリン酸が結合したのがデオキシリボヌクレオチド。D−リボースの 1 位に塩基、5 位にリン酸が結合したのがリボヌクレオチド。

(G)、シトシン(C)、チミン(T)が結合して5位にリン酸(H_2O_3P)が結合したデオキシリボヌクレオチドが、3位の水酸基と5位のリン酸基との間で脱水縮合して重合したものである(図5−13)。なお、塩基とは窒素原子を含む有機化合物の総称で、核酸を構成する塩基はプリン骨格を持つプリン塩基とピリミジン骨格を持つピリミジン塩基に分類され、アデニン、グアニンはプリン塩基、シトシンとチミンはピリミジン塩基である(図5−14左)。

一方、DNAの遺伝情報をタンパク質合成につなげる重要な働きを行うリボ核酸(RNA)は、DNAのチミン(T)がウラシル(U)に置き換わった4種類の塩基がリボースに結合し、DNAと同様に、5位にリン酸が結合したリボヌクレオチドが重合した高分子である(図5−14)。

デオキシリボースもリボースも共に5つの炭素で構成される五炭糖で、5員環のフラノース構造を持っている。地球上の生物ではデオキシリボースもリボース

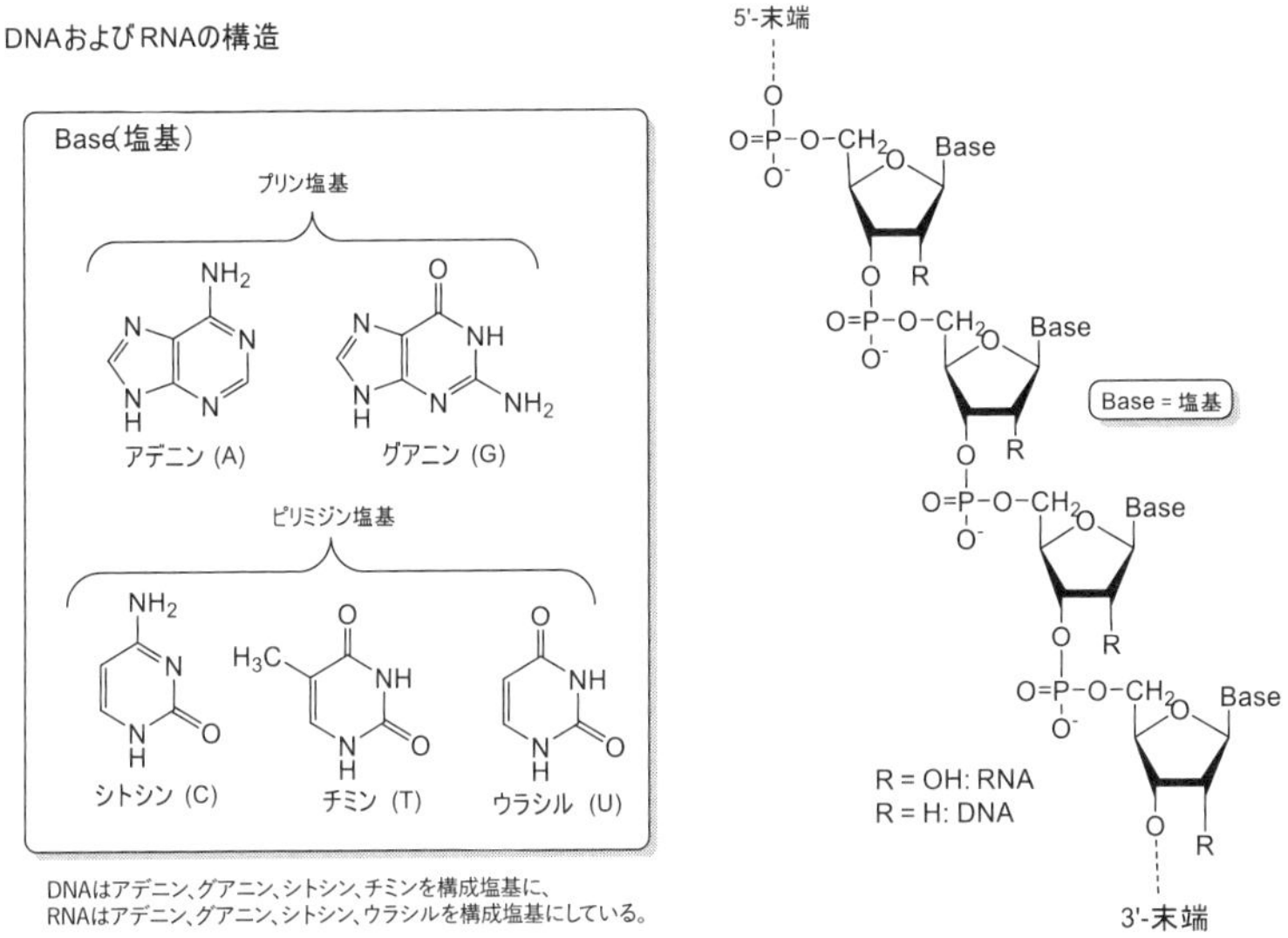

図 5-14　DNA の構成塩基は、アデニン（A）、グアニン（G）、シトシン（C）、チミン（T）の 4 種類。一方、RNA の構成塩基は、DNA のチミン（T）がウラシル（U）に換わった 4 種類の塩基である。

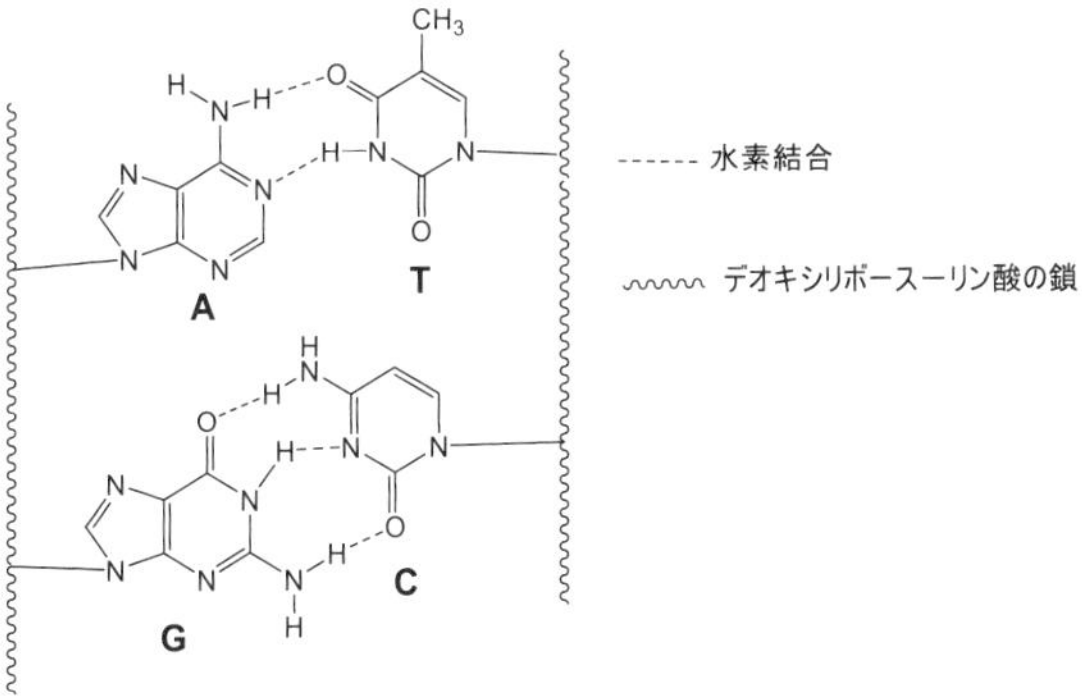

図 5-15　DNA の構成塩基のアデニン（A）とチミン（T）、グアニン（G）とシトシン（C）が水素結合してお互いに引き合うことで、二重螺旋が形成される。

もすべて、D－体が用いられるホモキラリティーが維持されている。なおデオキシとはデ（取り除く）オキシ（酸素）で、デオキシリボースはリボースから酸素が取り除かれた構造（2位の水酸基が失われている）であることを意味している。

DNAではアデニン（A）とチミン（T）およびグアニン（G）とシトシン（C）が相補的に水素結合で引き合うことでA－T、G－Cのペアが形成され、安定な二重螺旋を形成している。D－デオキシリボースが二重螺旋の骨格形成に関与しているため、DNAは高度に不斉な高次構造を持つ（図5－15）。DNAは二重螺旋が巻く構造で、その巻く方向が右螺旋であることがジェームズ・ワトソンとフランシス・クリックによって明らかにされている。ワトソン・クリックによるこの発見が、以後の遺伝子研究の発展の引き金となった。その業績を認められ、彼らは1962年にノーベル医学・生理学賞を授与された。

図5－16に示すように、地球ではすべての生物で、DNAの形成にはD－デオキシリボースが用いられているため、DNAは右巻きの二重螺旋で構成されている。もしもD－デオキシリボースとL－デオキシリボースが混在してDNAが形成されれば、無数のDNAの立体異性体が存在してホモキラリティーが維持されないため、生命が誕生することはない。一方でL－デオキシリボースが用いられて左巻き二重螺旋のDNAで形成された生命が、宇宙のどこかに誕生し繁栄している可能性は否定できない。

RNAの構成糖であるリボースにおいてもホモキラリティーが維持されており、地球生命ではD－リボースのみが用いられている。このように生命の生理現象においてホモキラリティーが維持されて

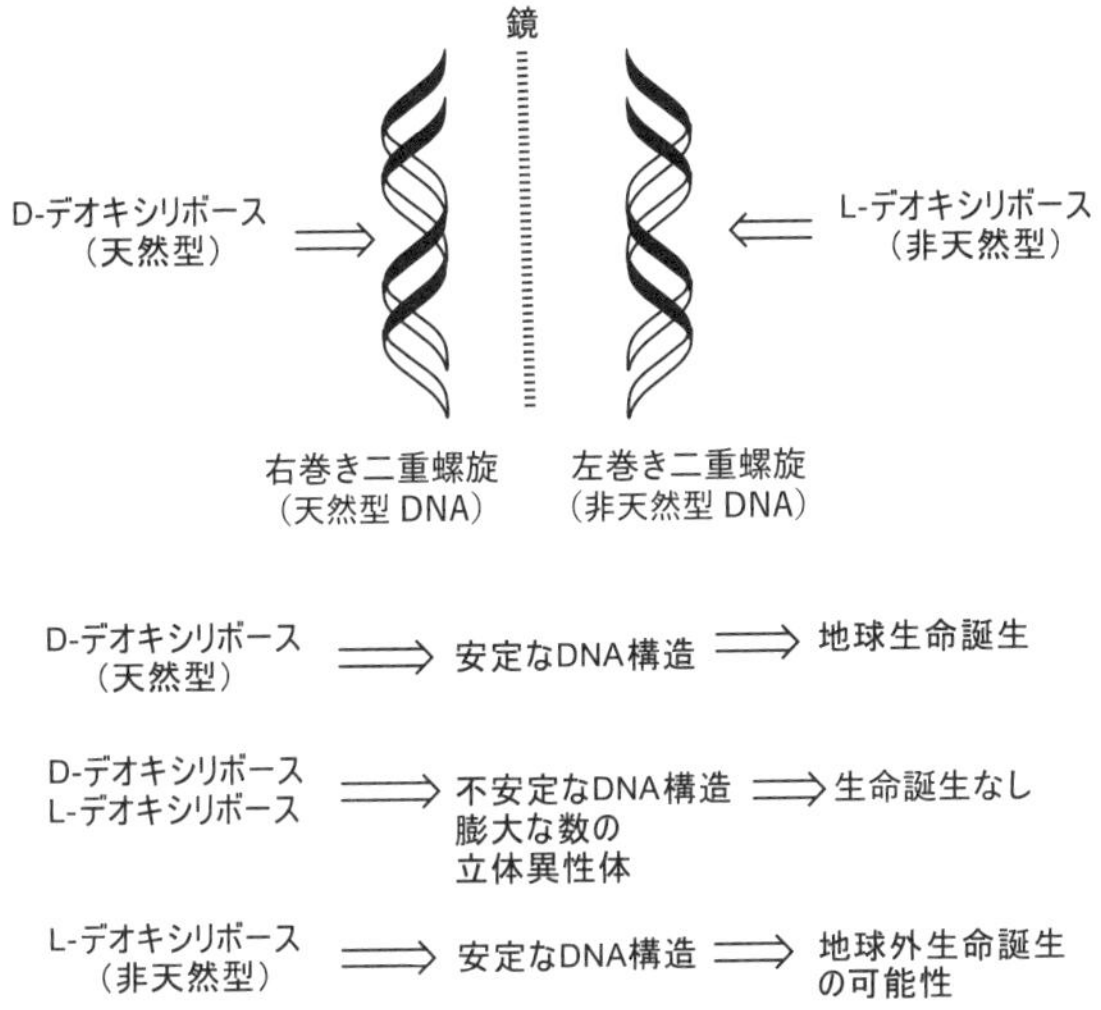

図 5−16　地球ではD−デオキシリボースが選択されて生命が誕生した。D ／ L−デオキシリボースが混在した場合、安定な二重螺旋は形成されず生命は誕生しない。L−デオキシリボースが選択された生命が地球外の宇宙で誕生している可能性はある。

いることは、我々地球生命を生み出す必須の要因となっている。ホモキラリティーという現象があってこそ地球に生命が誕生し繁栄したのである。

主要な働きをするRNAには、DNAから遺伝情報を転写により受け取りタンパク質合成に伝えるメッセンジャーRNA（mRNA）と、アミノ酸を運ぶトランスファーRNA（tRNA）、タンパク質合成を行う細胞内器官リボソーム形成の中心的な構造物であるリボソームRNA（rRNA）の3つがある。

DNAの遺伝情報がmRNAに伝えられる現象を転写と呼び、mRNAからタンパク質のアミノ酸配列に伝えられる現象を翻訳と呼ぶ。「DNA→mRNA→タンパク質」の流れは、クリックによって「セントラルドグマ」と称され、地球

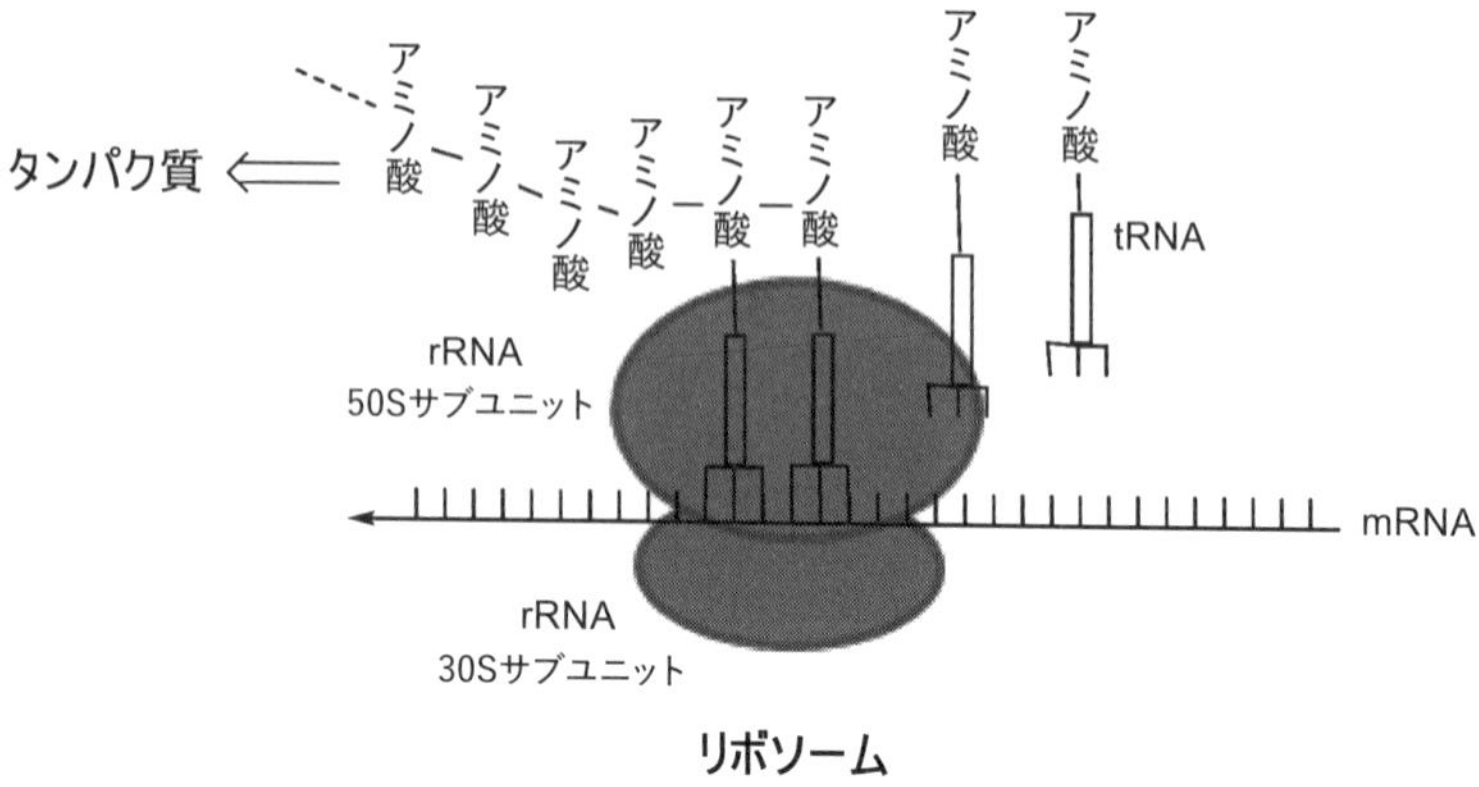

図5−17　DNAの遺伝情報を受け継いだmRNAが、rRNAで構築されたリボソームに運ばれる。mRNAの遺伝情報に従ってtRNAが運んでくるアミノ酸を順次連結して、タンパク質が合成される。

生物の遺伝情報の基本的な流れとして広く認められている。

　タンパク質合成はリボソームと呼ばれる細胞内小器官で行われる。リボソームは、哺乳動物では50Ｓと30Ｓの大きさのサブユニットで構成されている（Ｓはタンパク質の大きさを示す単位）。このリボソーム上に、タンパク質のアミノ酸配列情報を記録したｍＲＮＡが移動し、その塩基配列に従って３つの塩基配列（コドン）に対応したアミノ酸をｔＲＮＡが運んできて、ペプチド結合形成を繰り返してタンパク質の合成が行われる（図５－17）。

その他生体成分の立体化学

　ここまで述べてきた通り、アミノ酸や糖は厳格なホモキラリティーが維持されているが、そのほかにも生物の生命維持に重要な働きを担っている物質が存在する。例えばホルモン類や脂質などの誘導体である。

ステロイド誘導体

ヒトをはじめとする動物において、性の決定に関連し重要な働きを担っている性ホルモンである女性ホルモンや男性ホルモンなどの化合物はステロイド誘導体である。女性ホルモンとしてエストラジオール、男性ホルモンとしてはテストステロンなどが知られている。また、炎症や免疫、血管収縮など我々の生理現象に重要な働きを行っているコーチゾンなどの副腎皮質ホルモンも、ステロイド誘導体である。これらホルモンは一方の鏡像異性体のみが存在し、厳格にホモキラリティーが維持されている。

生物は生命の基本単位である細胞で構成されており、ヒトは約60兆個の細胞で構成されているといわれている。細胞にとって、細胞膜は細胞を守る外界との隔壁であり、細胞内外の物質や情報を交換する出入り口でもある。細胞膜は基本的には脂質二重層によって構成されるが、タンパク質やステロイドによって機能が強化されている。ステロイドは動物、植物、菌類で異なっており、動物ではコレステロールが、植物ではβ－シトステロールなどのフィトステロール類、菌類ではエルゴステロールが役割を果たしている。コレステロールは、脂質、タンパク質と共に細胞膜の三大重要構成物質であり、細胞膜の流動性や物質の輸送、情報伝達などにも寄与しているほか、脳に多く分布して特に脳神経細胞で重要な働きを担っている。

哺乳動物では、コレステロールから誘導された7－デヒドロコレステロールが、皮膚上での太陽の光による光反応（逆ディールスアルダー反応）でB－環が開環し誘導されるビタミンD_3も、骨の形成や身体の成長に大きく関係している重要な物質である。そのため、我々は適度の日光を浴びることが必要なのである。植物では、植物ホルモンであるブラシノステロイドが植物の成長に関係し重要な役割を果たしている。また、昆虫においては幼虫から蛹《さなぎ》、成虫への変態に関係する重要な脱皮ホルモンがステロイド誘導体のエクダイソンである。これらのステロイド誘導体もホモキラリティーを維持している。

このように我々哺乳類だけでなく、多くの生物の生理現象に関係し重要な働きを果たしているステロイド誘導体は、その三次元構造においても一定の立体配置を持つことが必要であるため、ホモキラリティーが維持されている。図5－18に示したような立体配置を持ったステロイド誘導体が自然界に存在し、その逆の立体配置を持つ鏡像異性体は自然界には存在していない。

ステロイド誘導体はトリテルペン誘導体を経由して生合成される。そのため、ステロイド誘導体のホモキラリティーを維持するには、その前駆物質であるトリテルペン誘導体の生合成過程でも厳しくホモキラリティーが維持されている必要があり、植物から見つかってくる膨大な数のトリテルペン誘導体やステロイド誘導体では、厳格なホモキラリティーが維持されている。

このようにステロイドやトリテルペン誘導体で厳格なホモキラリティーが維持されているのは、これら化合物の生合成の初期の反応において、鎖状で不斉炭素を持たない前駆物質であるスクワレンから複数の不斉炭素を持つ環状トリテルペン形成の環化反応が、酵素により厳格に制御されているからである。L－アミノ酸のみで構成され、高次構造を持つ高度に不斉な環化酵素は高い立体特異性を持

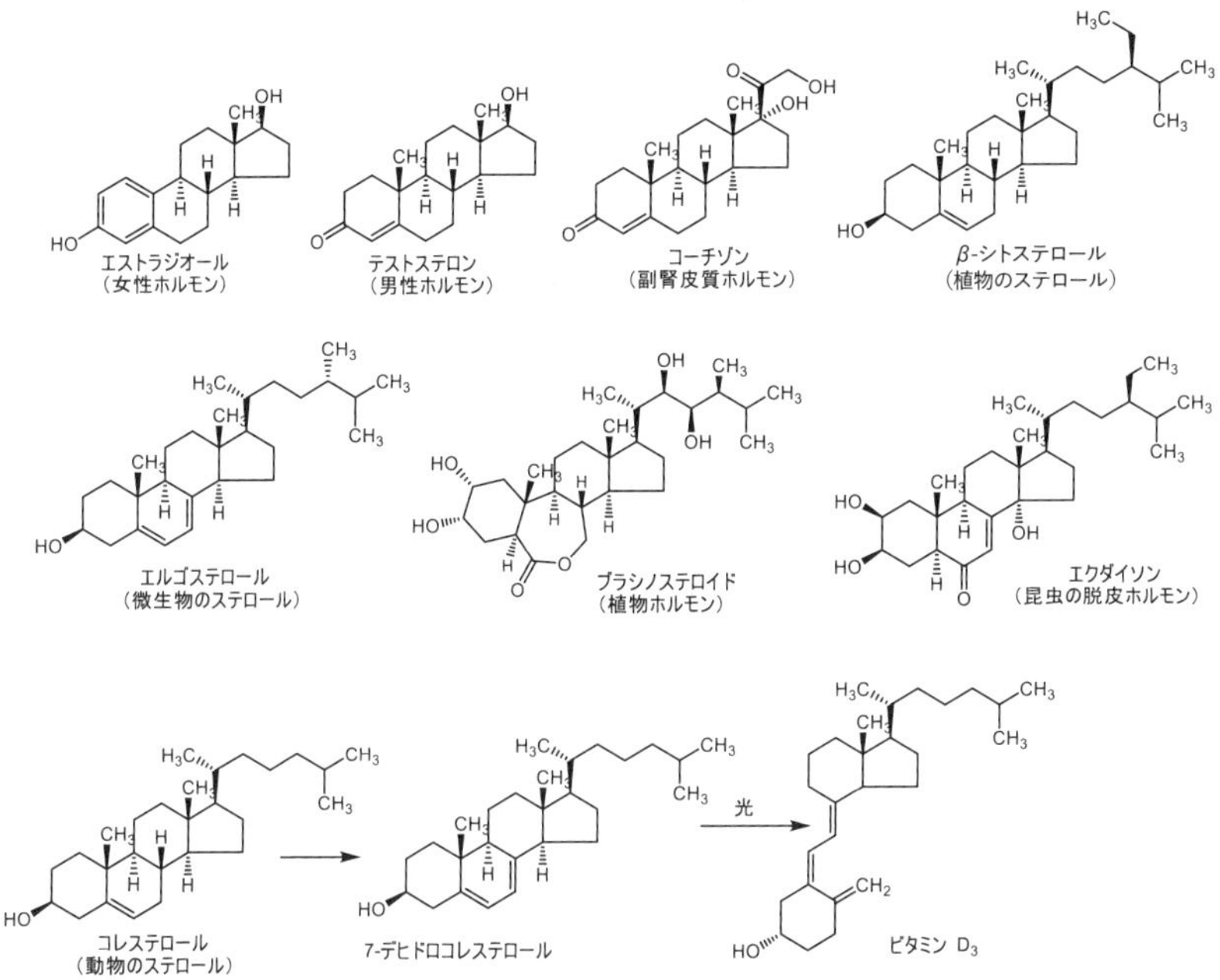

図 5-18　ステロイド誘導体の構造式。コレステロールは動物の、β-シトステロールは植物の細胞膜の構成成分である。ビタミン D は骨の形成に重要な役割を果たしている。ブラシノステロイドは植物ホルモンとして、エクダイソンは昆虫の脱皮ホルモンとして働いている。これらステロイド誘導体の逆の立体配置を持つ鏡像異性体は自然界には存在しない。

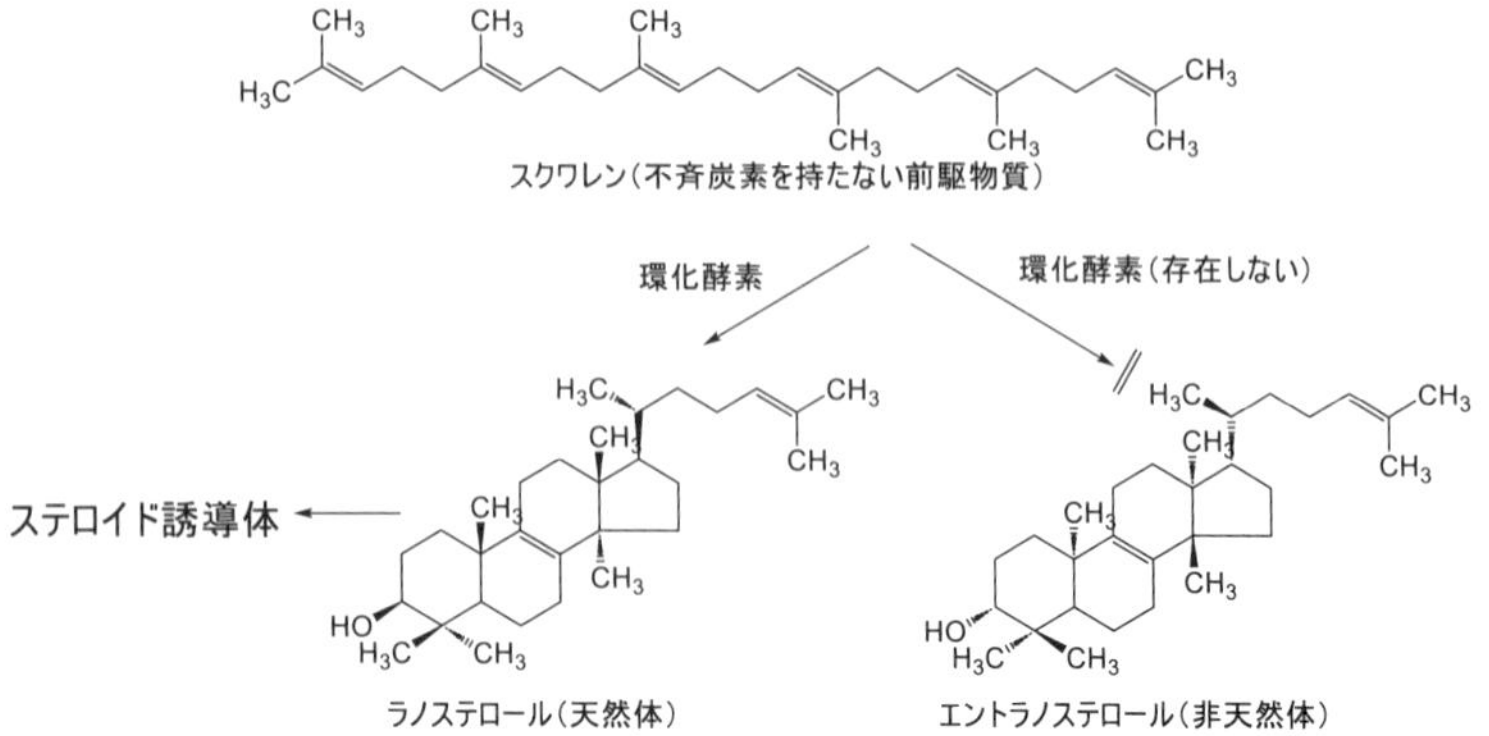

図5-19　不斉炭素を持たない鎖状のスクワレンから、環化酵素により多くの不斉炭素を持つ環状のラノステロールが生合成される。自然界には非天然型の鏡像異性体であるエント型のラノステロールを生合成する酵素は存在しない。

ち、1種類の鏡像異性体のみを生合成する。ステロイド誘導体は、環化酵素により厳格に立体制御されスクワレンから中間体のトリテルペンであるラノステロールが生合成され、さらにホモキラリティーを維持したステロイド誘導体に変化していく（図5－19）。なお、自然界には非天然型のエント型のラノステロールを生合成する酵素は存在していない。

テルペノイド誘導体

テルペノイドには、炭素数10のモノテルペン、炭素数15のセスキテルペン、炭素数20のジテルペン、炭素数30のトリテルペンなどが知られている。

特にトリテルペンは、先に述べたように、生物の生理現象と深く関わるステロイド誘導体の前駆物質として働いているものもある。ステロイドのホモキラリティーを維持するためにトリテルペン自身もホモキラリティーが維持されており、一方の鏡像異性体のみが自然界に存在している。植物に広く存在するオレアノール酸やベツリンなどのトリテルペンはステロイドの前駆物質ではないが、自然界には一方の鏡像異性体のみが存在し、その鏡像異性体である非天然体は存在しない（図5－20）。

モノテルペンやセスキテルペン、ジテルペンでは、一部の化合物が植物や昆虫などの生育にとって重要な働きを持ったものがあるが、アミノ酸、糖、ステロイドなどのように生命活動の基本に関わるものが少ないため、ホモキラリティーが厳しく維持されず、両方の鏡像異性体が自然界に存在している例もしばしばある（図5－21）。生物自身はそれら鏡像異性体を厳しく選別して応答している。

モノテルペンであるリモネンは、柑橘類の果皮などに多く含まれている。柑橘に特徴的な香りの主役はプラスの旋光性を持つ*d*－リモネンであるが、その鏡像異性体であるマイナスの旋光性を持つ*l*－リモネンはハッカの成分として含まれており、ラセミ体はテレピン油などに含まれている。当然、我々は*d*－リモネンと*l*－リモネンを異なる香りとして感ずる。代表的なモノテルペンであるメントールは、ハッカには*l*－メントールが存在するが、他の植物からは*d*－メントールが得られている。セスキテルペンであるクルクメノールの場合、ショウガ科とウマノスズクサ科の植物では立体配置が逆である。

ジテルペン誘導体においても植物の種類によって2つの鏡像異性体が存在している。例えば、カウレン骨格のジテルペンは植物に広く分布しているが、植物ホルモンであるジベレリンはカウレンの鏡像異性体であるエントカウレン骨格の前駆物質を経由して生合成され、すべての植物種においてジベレリンのホモキラリティーは維持されている。

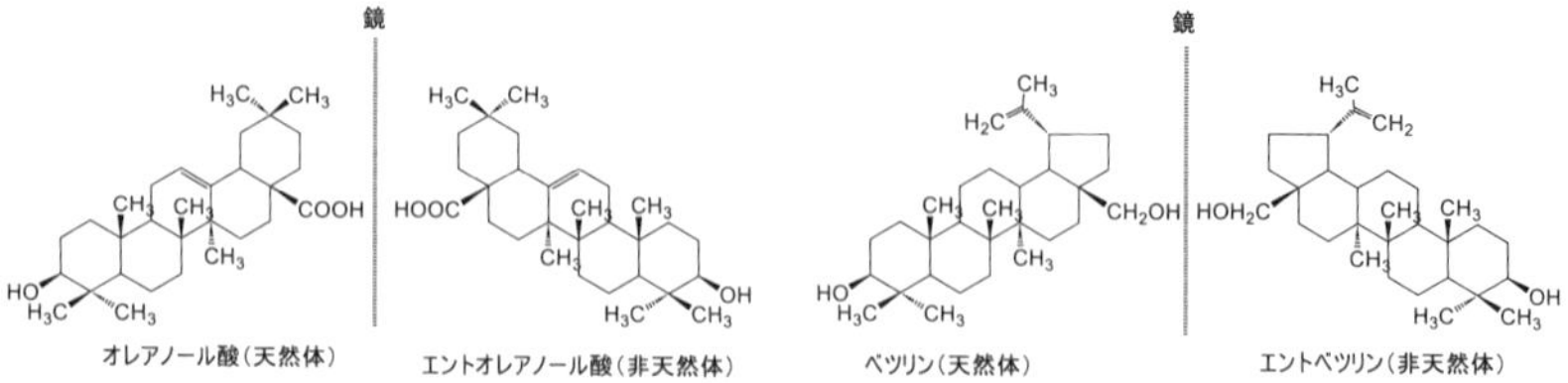

図 5-20　オレアノール酸やベツリンなど植物に広く存在するトリテルペンは、一方の鏡像異性体（天然体）のみ存在している。エント型は自然界には存在しない。

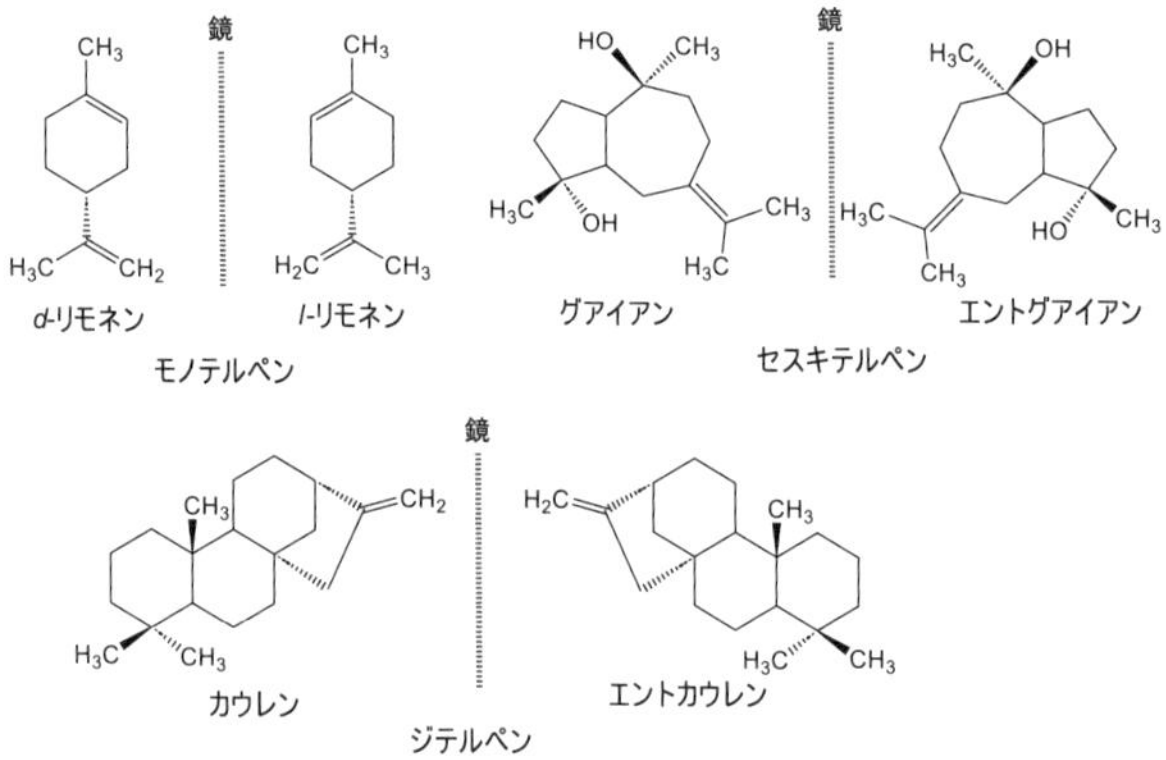

図 5-21　モノテルペン、セスキテルペン、ジテルペンでは、植物によっては両方の鏡像異性体が含まれている例がしばしば見られる。

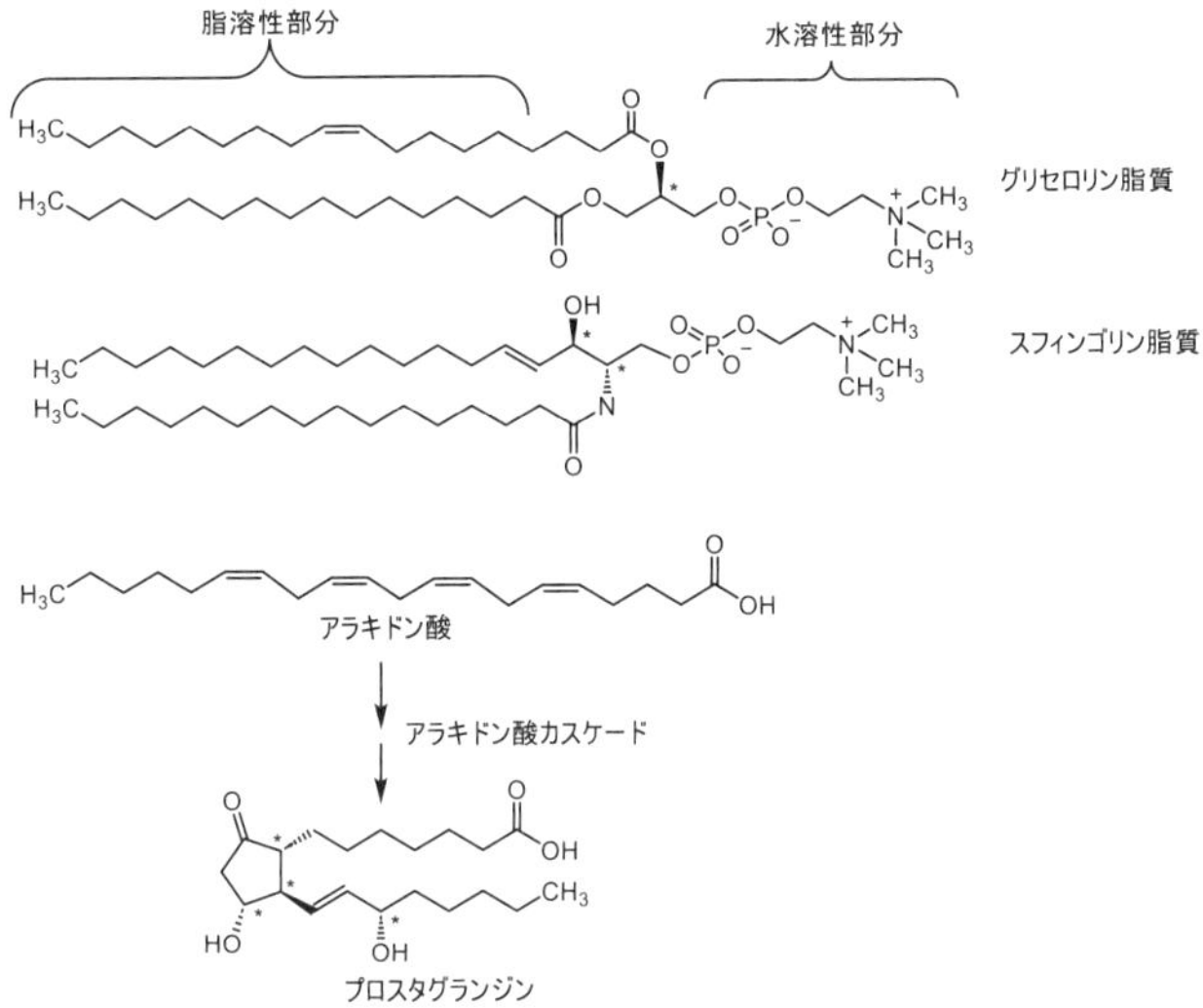

図 5-22　脂肪酸の誘導体である、リン脂質、セラミド、プロスタグランジンなど重要な生理活性物質は、鏡像異性体の一方のものが生命活動に用いられており、ホモキラリティーが維持されている。＊印は不斉炭素を示す。

脂質関連化合物

脂質関連化合物は、細胞膜や細胞内小器官の膜組織として重要な働きを担っているだけでなく、情報伝達物質としても働いている。その結果として、不斉炭素を持つ誘導体においてはホモキラリティーが厳しく維持されている。

通常の長鎖脂肪酸は不斉炭素が存在しないため、鏡像異性体は存在していない。しかし、長いアルキル鎖を持つ長鎖脂肪酸2つがグリセロールに結合し、残りの水酸基にリン酸が結合したグリセロリン酸にさらにコリンやイノシトールが結合したグリセロリン脂質では、グリセロール部分に新たに不斉炭素が生じて鏡像異性体となる。また別のタイプの脂質であるスフィンゴリン脂質は、構成単位であるスフィンゴシンのアミノ基の根元の炭素が不斉炭素で、このアミノ基に長鎖脂肪酸が結合し、さらに末端水酸基にリン酸が結合したものであり、細胞膜の構成物質として重要な働きを担っている。これらリン脂質は脂肪酸の長鎖アルキル部分からなる脂溶性部分と、コリン・リン酸側鎖などからなる水溶性部分で構成されるため、細胞膜や細胞内小器官の膜で脂質二重膜構造を形成する主要な役割を担っている。

グリセロリン脂質ではグリセロール部分に、スフィンゴリン脂質ではスフィンゴシン部分に不斉炭素が存在し、一方の鏡像異性体のみが存在して厳しいホモキラリティーが維持され、細胞膜や小器官の膜が機能する（図5－22）。

多価不飽和脂肪酸であるアラキドン酸からアラキドン酸カスケードという代謝経路を経て、体内で生合成されるプロスタグランジンなどのプロスタノイド関連誘導体は、循環器、消化器、骨の恒常性、生殖器の機能、炎症、痛覚作用など多くの生理現象に関係する重要な生体成分である。不斉炭素を持たないアラキドン酸から不斉炭素を持つプロスタノイド誘導体が合成され役割を果たしている。このとき、一方の鏡像異性体のみが生合成され厳格なホモキラリティーが維持されることで繊細な生理作用がコントロールされている。

column 5

D‐アミノ酸

地球上のすべての生物では例外なく、タンパク質の合成にL‐アミノ酸のみが用いられていることはすでに述べた。そのため、L‐アミノ酸を天然型、D‐アミノ酸を非天然型と呼ぶことがある。α‐アミノ酸の不斉炭素はカルボキシル基の隣にあるため比較的反転しやすく、ラセミ化を起こす可能性がある。そのため、D‐アミノ酸は不斉炭素の立体配置が反転してL‐アミノ酸から自然に生じた副産物で、生体にとって不必要なものと考えられていた時代があった。その後もグラム陽性菌の細胞壁のペプチドグリカンにおいて、架橋構造形成に関与するペプチド鎖にD‐アラニンやD‐グルタミン酸などが含まれていることが知られるぐらいで、動物や植物でD‐アミノ酸が重要な働きを持っているとは考えられていなかった。

しかし、高速液体クロマトグラフィー（HPLC）法などの鏡像異性体を分析する技術が格段に進歩し、L‐アミノ酸とD‐アミノ酸を区別して分析することが可能となった。その結果、動物をはじめ、微生物や植物においてもD‐アミノ酸が予想以上に広く存在し、いろいろな生理活性に関与している可能性が明らかになってきている。

例えば、遊離型のD‐セリンが哺乳動物の脳に存在し、記憶や学習などの脳の機能に関係することが明らかになっており、L‐セリンを能動的にD‐セリンに変換する酵素であるセリンラセマーゼが働いていることが知られている。遊離型D‐アスパラギンのメラトニン分泌抑制作用、脳下垂体から分泌され乳汁分泌促進作用を持つホルモンであるプロラクチンの分泌促進作用、男性ホルモンであるテストステロン合成促進作用を持つことなどがわかっている。また、D－アミノ酸の生理活性が明らかになっており、D－アミノ酸に関する研究者が増え、我が国でも「D－アミノ酸学会」が設立されるなど、D－アミノ酸に関連する研究が活発に行われるようになってきている。

一部のD－アミノ酸は生命活動に重要な働きを担っている。そのため、L－アミノ酸の立体配置を反転させてD－アミノ酸に変換するラセマーゼという酵素が存在している。生物は、この酵素を用いて生命活動に必要なD－アミノ酸をL－アミノ酸から能動的に変換し利用している。

野菜や果物などの植物由来の食品にもD－アミノ酸が含まれていることが明らかになっているが、これらは主に土壌中の微生物が合成したものを取り込んだためと考えられており、植物の生育環境によりその含有量が異なる。

遊離のL－アミノ酸としてグルタミン酸が旨味成分として知られているほか、甘味を持つアラニンとプロリン以外はほとんど苦味を呈する。一方D－アミノ酸では、グルタミン酸が無味で、アスパラギン酸、プロリンが無味か苦味を呈し、他のアミノ酸の多くは甘味を持っている。ショ糖と比べて、D－アラニンは3倍、D－フェニルアラニンは5倍、D－トリプトファンに至っては35倍もの甘味があるといわれている。エビやカニ、貝類にはD－アラニンが多く含まれ、これらの食材の旨味に関与しているとの報告もある。

微生物は比較的盛んにD－アミノ酸を生産するが、酵母による代表的な発酵酒である日本酒にも比較的多く含まれていると考えられており、これが甘味などとして日本酒独特の味わいを引き出している可能性がある。乳酸菌による発酵過程でD‐アラニン、D‐アスパラギン酸、D‐グルタミン酸が高濃度に生産され、特にD‐アラニンが大量に生産される。これらD‐アミノ酸は、乳酸菌による発酵食品の味や、ヒトに対する健康維持などに関与していることが推察される。

一方、カエルの皮膚から分離されたペプチドであるデルモルフィンは強い麻酔作用があるが、その作用の強さはモルヒネの30～40倍ともされ話題になっている。このペプチドは7つのアミノ酸がつながったもので、その中に1つ含まれるD‐アラニンが、麻酔作用に関与している可能性が注目されている。

第6章

鏡像異性がヒトの体に与える影響

生体内で薬物代謝に働く酵素、医薬品の情報を受け止める薬物受容体、香りのセンサーである嗅覚受容体、味覚のセンサーである味覚受容体はタンパク質である。そのため、医薬品の鏡像異性の違いはそれぞれ生理活性に大きく影響してくる。嗅覚や味覚の受容においても、それぞれの物質の鏡像異性の違いに敏感に反応し異なる香りや味として感ずることになる。

サリドマイド薬害が薬の未来を変えた

薬物の鏡像異性体の認識の重要性が叫ばれるきっかけとなったのは、世界的な薬害を引き起こしたサリドマイド事件である。サリドマイドは、1957年にドイツ（旧西ドイツ）のグリュネンタール社により開発され、コンテルガンの商品名で催眠・鎮痛薬として発売された。当時広く使われていたバルビツール酸を凌駕する非常に優れた薬として評価され、日本をはじめ世界中の40か国以上の国で用いられた。我が国では1958年に睡眠薬イソミンとして発売され、1960年には胃腸薬プロバンＭに配合され発売が許可された。特に妊婦の悪阻《つわり》の防止に優れた効果を有するということで、世界中で多くの妊婦によって用いられた。

しかし、１９６０年から１９６１年にかけ、多くの障害のある子どもが生まれていることが明らかとなり、その原因が妊婦のサリドマイドの服用であることがドイツのハンブルグ大学のウィドゥキント・レンツ博士により報告された。その結果、ヨーロッパなどでは１９６１年末には使用禁止となり回収されることになった。しかし日本では、レンツ博士の警告には科学的根拠がないなどという厚生省の誤った見解で対応が遅れ、１９６２年の秋にようやく回収された。しかも回収作業が徹底されず、その後もさらに被害が続くことになった。世界中で1万５０００人もの子どもに被害が広がったと見積もられている。我が国では、西ドイツ、イギリスに次ぐ３００人余りの被害者が出ることになった。内臓等の障害により無事に誕生できなかった子どもの数を加えれば１０００人以上に被害があったといわれている。サリドマイドにより引き起こされる発生異常は、四肢、耳、目、内臓、神経系と多岐にわたっているが、特に四肢における奇形が多く、注目され世界中で大きな社会問題となった。

後にわかったことであるが、ヒトだけでなくサル、ウサギ、ニワトリなどにも同様の催奇形作用が認められたが、ラットやマウスなどの齧歯類では催奇形が認められなかった。ラットでは、４０００ミリグラム／キログラムの大量投与でも四肢催奇が認められなかったといわれている。ラットやマウスなどの齧歯類を用いてサリドマイドの安全性試験が行われ、問題がないということで広く用いられることになった。この薬の審査には慎重な安全性実験が行われることなく、優れた医薬品としての効果がもてはやされ使用が認可された。当時の新聞には、我が国におけるサリドマイドの審査には1時

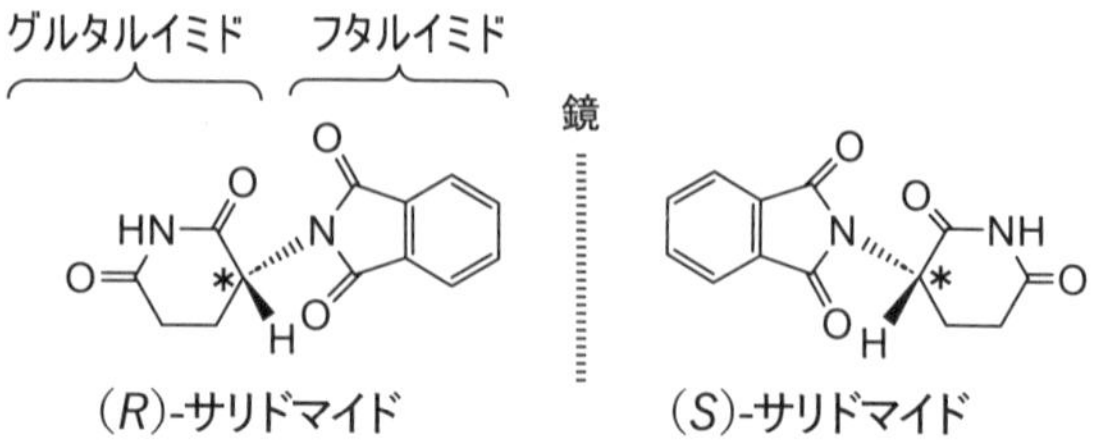

図 6−1　サリドマイドは不斉炭素を持っているため、鏡像異性体である（*R*）−サリドマイドと（*S*）−サリドマイドが存在する。＊印は不斉炭素を示す。

間半しか時間がかけられなかったとも報道されている。今では考えられないほどの杜撰な審査であった。

サリドマイドの分子は、グルタルイミドとフタルイミドが縮合した特徴的な構造を持っている。この分子には不斉炭素が存在しているため、サリドマイドには、お互いに実像と虚像の関係となる2つの鏡像異性体である（*R*）-サリドマイドと（*S*）-サリドマイドが存在することになる（図6-1）。

後の研究で、（*R*）-サリドマイドが求められる薬効を持ち、他方の鏡像異性体である（*S*）-サリドマイドが催奇形性を持っていることが明らかになった。当時の合成技術では、この2つを区別して合成（不斉合成）することは困難で、サリドマイドはこの2つの等量混合物であるラセミ体として製造され用いられていた。当時は、鏡像異性体に生理作用の違いがあることに対して認識が低かったため、不斉炭素を持つ合成医薬品はラセミ体として用いられるのが普通であった。しかし、サリドマイドによる薬害がきっかけとなり鏡像関係にある鏡像異性体は生物に対して異なる生理作用を持っていることが当たり前との考えが定着することになった。今では医薬品の鏡像異性による薬理活性や有害性に対する影響の重要性が認識され、鏡像異性体の分離技術や有機合成技術の格段の進歩により、不斉を持つ医薬品の有効な鏡像異性体を製造して供給するための有機合成研究が世界中で盛んに行われるようになった。

サリドマイドの被害は多くの国で発生したが、アメリカでは、アメリカ食品医薬品局（FDA）の審査官だったフランシス・ケルシーが、サリドマイドに関する学術文献から、その問題点を察知して販売許可を出さなかった。そのためアメリカではサリドマイドの薬害が起こらなかったことは有名な話である。同氏は当時のジョン・F・ケネディー大統領からその功績を表彰されている。日本の厚生省とアメリカのFDAの対応の違いが、当時の日本の薬事行政の遅れを感じさせる。

薬物と相互作用して生理活性が誘導される薬物受容体はタンパク質で構成され、厳格にホモキラリティーを維持しており、高度に不斉の反応中心であるポケットを持っている。そのため、鏡像体の関係にあるサリドマイドの一方の鏡像異性体である（*R*）-サリドマイドは受容体に良好にフィットして相互反応をすることにより目的の鎮静作用が表れる。他方の鏡像異性体である（*S*）-サリドマイドはこの受容体にうまく収まらず良好な相互作用はできないため、目的の活性を得られない。その結果、他の望まない思わぬ副作用が引き起こされる（もちろん副作用がないこともあるが、目的の効果はないか低くなる）。薬物受容体に対する（*R*）-サリドマイドと（*S*）-サリドマイドの相互作用の違いを模式的に図6-2に示す。

世界中で薬害を起こしたサリドマイドであるが、この事件には有名な後日談がある。サリドマイドの不斉炭素はアミド構造のカルボニル基に隣接している。図6-3に示すようにカルボニル基がエノール構造をとりやすく、エノール型を経由して両異性体の間で行き来しラセミ化が起こりやすい。

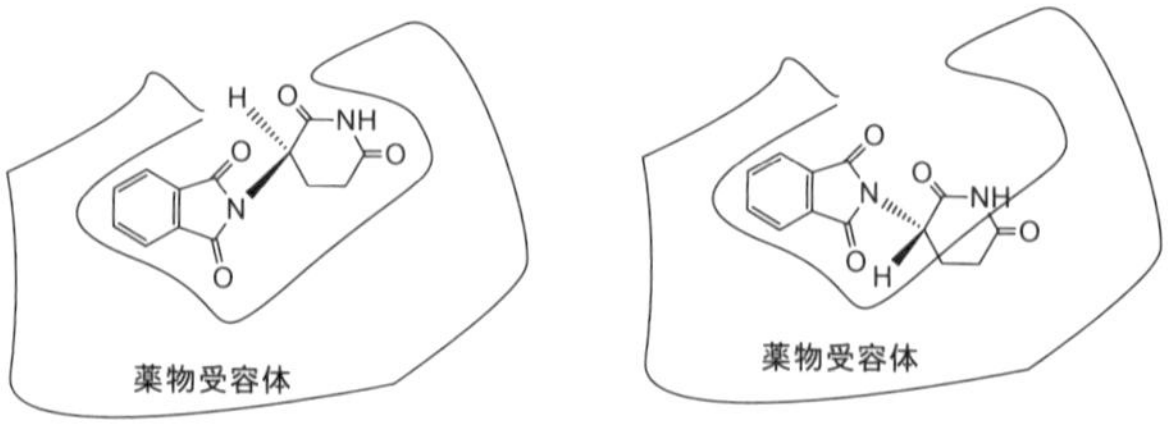

（*R*）-サリドマイド　（*S*）-サリドマイド

図 6−2　（*R*）−サリドマイドは、鎮静作用に関与する薬物受容体に良好にフィットし目的の作用を示す。（*S*）−サリドマイドはこの受容体にはうまく収まらないため良好な鎮静作用は示さず、思いがけない副作用を示すことになる。

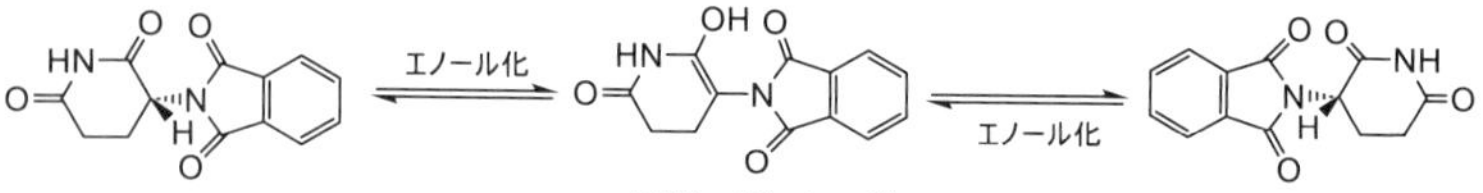

図 6−3　カルボニル基は比較的穏やかな生理条件でもエノール化を起こし、不斉炭素を持たないエノール型となり、ケト型の *R*−体と *S*−体の等量の混合物であるラセミ体となる。

そのため鎮静作用を持つ（R）-サリドマイドを投与しても、体内では約10時間でラセミ体となり、（S）-サリドマイドが生成するため、（R）-サリドマイドを投与しても結果的には薬害が起こってしまう可能性が考えられている。

このような薬害のため、サリドマイドは医薬品としての発売が禁止され負のイメージが大きかったが、その後、思いもかけない展開が待っていた。それはサリドマイドにいくつかの新たな薬理作用が明らかになったことである。サリドマイドに血管新生抑制作用などの生理活性が明らかとなり、ハンセン病の治療薬や多発性骨髄腫の治療薬として用いられるようになった。特に、多発性骨髄腫の治療薬としてサリドマイドやその誘導体が認可され広く用いられるようになり、年間1兆円を超える巨大な売り上げを上げた薬であるブロックバスターとなったことは有名である。これは、既存薬から新たな活性を見つけて医薬品開発を行うドラッグリポジショニング（drug repositioning）の典型的な例である。ドラッグリポジショニングについてはコラム6で紹介する。

体内に取り込まれた薬の運命は？

有機化合物に通常の化学反応を行った場合、お互い鏡像関係の物質はまったく同じように反応を受け同じものに変化するが、生物の体内では両鏡像異性体はまったく異なるものとして反応を受け、反応のスピードやどんなものに変化するかも異なってくる。

我々が服用した医薬品は胃や十二指腸などの消化管を通過して小腸に運ばれる。その過程では加水

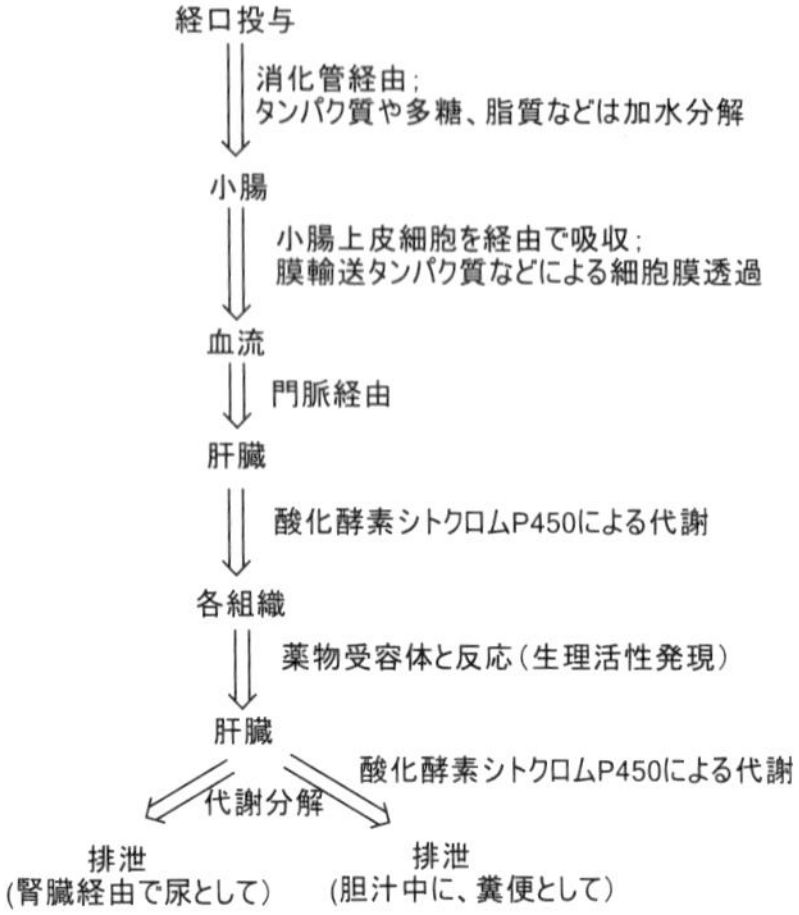

図6−4　経口投与した医薬品は、胃腸を経由して小腸から吸収され、血管に取り込まれた後、各臓器に運ばれ薬物受容細胞と反応して生理活性が発現される。最終的には無毒化され排泄される。これらの過程で鏡像異性体はタンパク質により厳しい識別を受ける。

分解酵素などが働き、タンパク質や多糖、脂質などは加水分解を受ける。小腸に運ばれた薬物の多くは小腸細胞膜から吸収され、血中に移行して血管を移動し肝臓を通過する。生体にとって薬物は異物であるため、無毒化して排泄する必要がある。そこで、肝臓による代謝を受け部分的に変化し、血流に乗り体の各部分に運搬される。この過程で一部の効力が失われることもある。血流に運ばれて目的臓器に移動した薬物は受容体と反応し生理活性を発現する。その後、酸化反応などによる代謝分解を受け、さらに包摂化合物などに誘導され無毒化され排泄される。

薬物の服用から排泄までの過程では、いろいろな役割を持つタンパク質の作用を受ける（図6－

4)。例えば各種の酵素による加水分解や酸化分解などの反応、膜輸送タンパク質、薬物受容体などのタンパク質、さらに代謝排泄に関与する酵素であるタンパク質による作用である。

このように、医薬品は服用して作用を表し排泄される過程で、L－アミノ酸から構成された多彩なタンパク質によって代謝や運搬、そして作用を受ける。鏡像異性体では目的臓器に到達するまでの代謝のされ方で差があり、さらに受容体との相互作用で大きな差があり、そして分解排泄でも差が生じて体内における存在量にも大きな違いが出てくる。結果、鏡像異性体間では薬理作用や活性の強さ、さらには副作用などで違いが生じてくることになる。そのため、目的の作用を持つ鏡像異性体を医薬品として供給することが必要になる。

医薬品の鏡像異性体は生理活性が異なる

先にも述べたように医薬品の鏡像異性体は吸収や排泄においても異なる反応を受け、さらに高度のホモキラリティーを発揮する薬物受容体により鏡像異性を厳格に区別される。そのため、薬効および副作用が鏡像異性体によって異なってくる可能性が高い。サリドマイドに関して述べたように有効性に関しても、有害性に関しても、医薬品の目的に沿った鏡像異性体の一方を供給する必要がある。

鏡像異性体同士で生理活性が異なる例を以下に述べる(図6－5)。

オフロキサシンは1985年に開発されたニューキノロン系の抗菌薬で広い抗菌スペクトルを持ち、自然耐性菌の発現も低いといわれ(－)－体と(＋)－体を等量含むラセミ体がオフロキサシンの名で

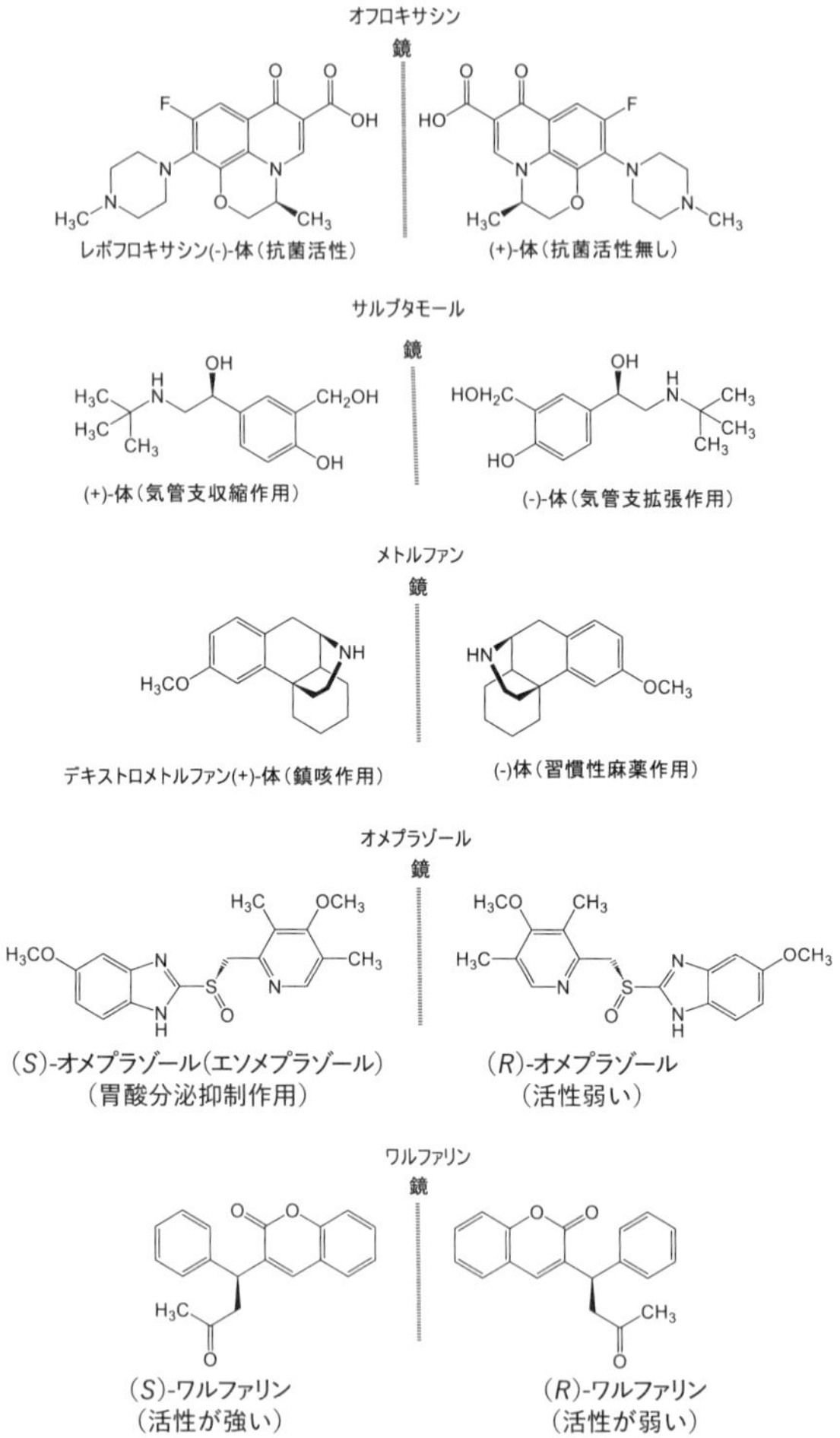

図6－5　オフロキサシンは左旋性の（－）－体に強い抗菌活性がある。サルブタモールは（－）－体が目的の気管支拡張作用を持っている。メトルファンは（+）－体が目的の鎮咳作用を持っている。オメプラゾールは（S）－オメプラゾールが目的の胃酸分泌抑制作用を持っている。ワルファリンはコストの面と過剰な効果を考慮してラセミ体で用いられている。

使用されていたが、(－)-体に強い抗菌活性があり、(＋)-体は抗菌活性がほとんどなく不眠の副作用を持つために(－)-体のみを製造しレボフロキサシンの名でより活性が強く安全な抗菌薬として治療に用いられるようになっている。ちなみにレボは左旋性であることを意味し、マイナスの旋光性を示す。

サルブタモールは気管支拡張薬として世界中で広く用いられるが、鏡像異性体のうち(－)-体に求める気管支拡張作用があるが、(＋)-体には逆の気管支収縮作用があり副作用として働く。そのためサルブタモールは(－)-体のみが供給され、医薬品として用いられる。

(＋)-体のメトルファンは鎮咳作用を持ち風邪、気管支炎、肺炎などに処方されるが、その鏡像異性体である(－)-体には習慣性の麻薬作用がある。そのため、旋光度がプラスの(＋)-メトルファンのみがデキストロメトルファンの名で供給され用いられている。なお、デキストロとは右旋性を意味し、プラスの旋光性を表している。

プロトンポンプ抑制作用により胃酸分泌抑制活性を持つオメプラゾールは不斉炭素を持たないが、イオウ(S)が不斉中心となり鏡像異性体が存在する。オメプラゾールはラセミ体として供給されていたが、(*S*)-体に強い活性があることが明らかになり、(*S*)-体のオメプラゾールが製造されエソメプラゾールの名で供給されるようになり用いられるようになっている。

なお鏡像異性体の製造はコストがかかるなどの理由で、あえてラセミ体のまま供給されるケースもある。血液凝固を抑制するワルファリンと呼ばれる薬は、60年以上前に認可されラセミ体として用いられてきた。ワルファリンは(*S*)-体が(*R*)-体の数倍の活性があるが、ワルファリンの薬効が個々の患者の肝臓での代謝機能に大きく依存することによる異常な効き過ぎを考慮し、より活性の弱い（R）-体を含むラセミ体で用いられている。

香りや味は鏡像異性体で異なる

匂いを感ずる嗅覚は、動物が食料を探すため、敵味方を識別するため、交配相手を探すため、有毒かどうかを確認するなどのために備わった重要な感覚である。嗅覚は鼻腔内に存在する嗅覚細胞上の受容体が揮発性の化学物質と接触して相互作用することで感じ、嗅覚神経を経て脳に伝えられ香りとして認識される。この嗅覚受容体はタンパク質の複合体で構成されているため、受容体自身が高度に不斉になっている。そのため香り物質の鏡像異性体の間では受容体への収まり方に差が生ずるため異なる香りとして感ずることになる。

ヒトは嗅覚受容体タンパク質のための遺伝子を396持っているといわれている。ヒトよりはるかに嗅覚が優れたイヌではその数が811で、アフリカゾウではその数が1948といわれている。ウシは1186、ウマは1066で、草食動物はイヌよりはるかに多くの嗅覚受容体を持っている。ヒトの嗅覚受容体の数は少ないが、それでも約1万種の匂いをかぎ分けることができる。ヒトを含む霊長類で嗅覚遺伝子の数が少ないのは、その祖先が樹上生活をするようになり視覚を発展進化させていく過程で嗅覚への依存を減らしていったためと考えられている。そのため哺乳類の中でも霊長類は青色、緑色、赤色を感ずる3色型色覚を持つように進化し、多彩な色を識別することができるように

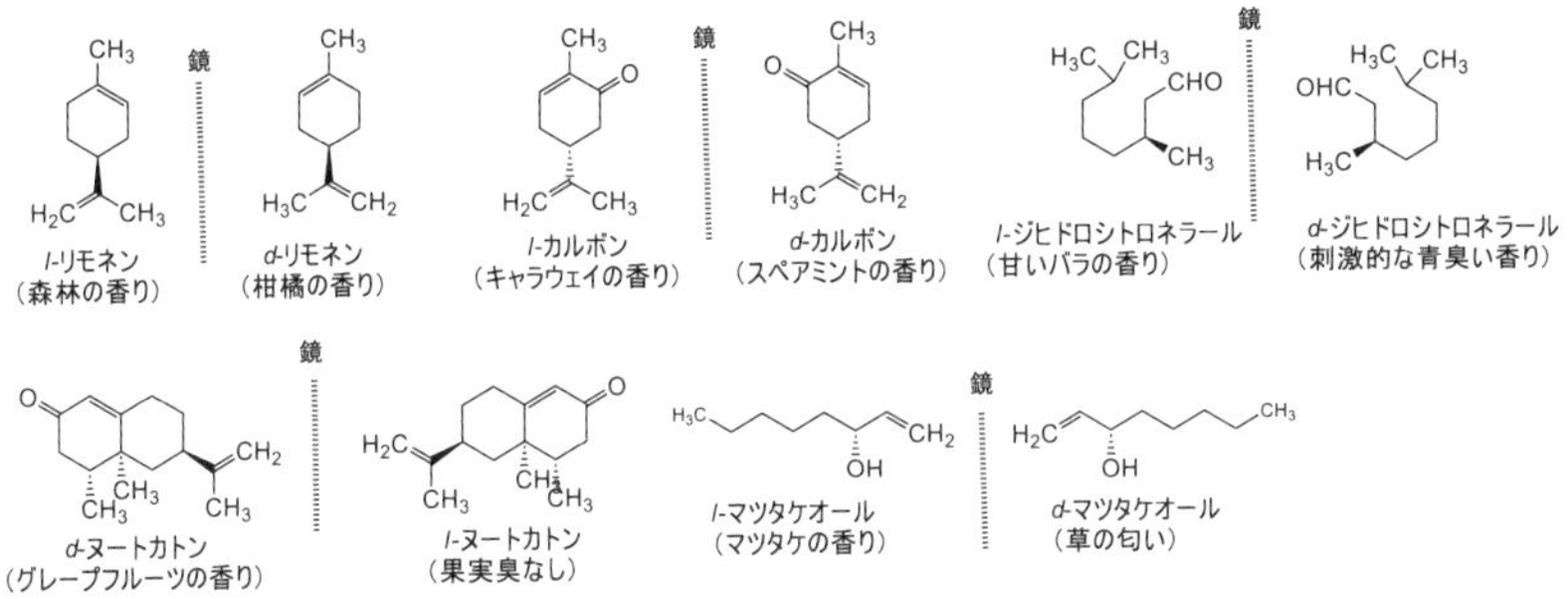

図 6-6　揮発性の香り物質であるリモネン、カルボン、ジヒドロシトロネラール、ヌートカトン、マツタケオールの例で示すように、嗅覚受容体によって鏡像異性体間で異なる香りとして認識される。

なった。一方、ウシ、ウマ、イヌやネコなどは赤色を感ずることができない2色型色覚である。

揮発性のモノテルペンは特に香り物質として知られており、鏡像異性体の立体配置の違いが香りに大きく影響する（図6－6）。第5章でも述べたようにメントールでは、ハッカの主成分である*l*－メントールは良好なすっきりとしたハッカ独特の香りを持っているが、その鏡像異性体である*d*－メントールは不快な埃っぽい香りがする。柑橘類などに含まれる代表的なモノテルペンであるリモネンでは、*d*－リモネンは柑橘に特徴的な匂いがする。その鏡像異性体である*l*－リモネンは清涼感のある森林の匂いがする。カルボンでは、*l*－カルボンはキャラウェイの香りであるが、その鏡像異性体である*d*－カルボンはスペアミントの香りでまったく異なっている。ジヒドロシトロネラールでは*l*－ジヒドロシトロネラールは甘いバラの香りがするが、*d*－ジヒドロシトロネラールは刺激的な青臭い香りがする。

セスキテルペン誘導体であるヌートカトンでは、グレープフルーツの成分である*d*－ヌートカトンはグレープフルーツの香りがするが、l－ヌートカトンは強い香りはなく果実臭は感ぜられない。
また、独特のマツタケの香りはマツタケオールと呼ばれる鎖状アルコールによるもので、不斉炭素1個を持つ単純な化合物である。その香りは、マイナスの旋光度を示すl－マツタケオールによるもので、その鏡像異性体であるプラスの旋光度を示すd－マツタケオールはマツタケの匂いはせず、草の匂いがするといわれている。このように、香り物質の鏡像異性の違いが嗅覚受容体により異なる香りとして認識される。

味覚は舌の味蕾《みらい》と呼ばれる味覚受容体によって得られる感覚で、甘味、塩味、酸味、苦味、旨味の5つが基本の味覚として国際的にも認められている。甘味はエネルギー源の存在を、塩味はミネラルバランスを、酸味は腐敗の有無を、苦味は有害性の警告を、旨味はアミノ酸の存在を示すシグナルとして備わった感覚である。

味覚は主として舌に存在する味蕾細胞の味覚受容体によって受容され、その情報は神経を経由し味覚中枢に伝えられる。ヒトの味蕾の数は、乳幼児の時期は1万あるが成長するにつれ減り、成人で5000～7500ぐらいといわれている。肉食の哺乳類ではヒトより少なく、イヌで2000ぐらい、ネコで500ぐらいで、草食動物ではヤギやブタで1万5000、ウシで2万5000とヒトより多い。歯を持たず食べたものを丸呑みにする鳥類では味蕾の数がかなり少なく、ニワトリやハトで20ぐらい、アヒルで200ぐらい、オウムなどでは350ぐらいとされている。動物によって味覚に大きな差があるが、これはその食性に応じて進化してきたものと考えられる。

ネコの味蕾には甘味の受容体タンパクが発現していないため、甘味を感ずることができない話は有

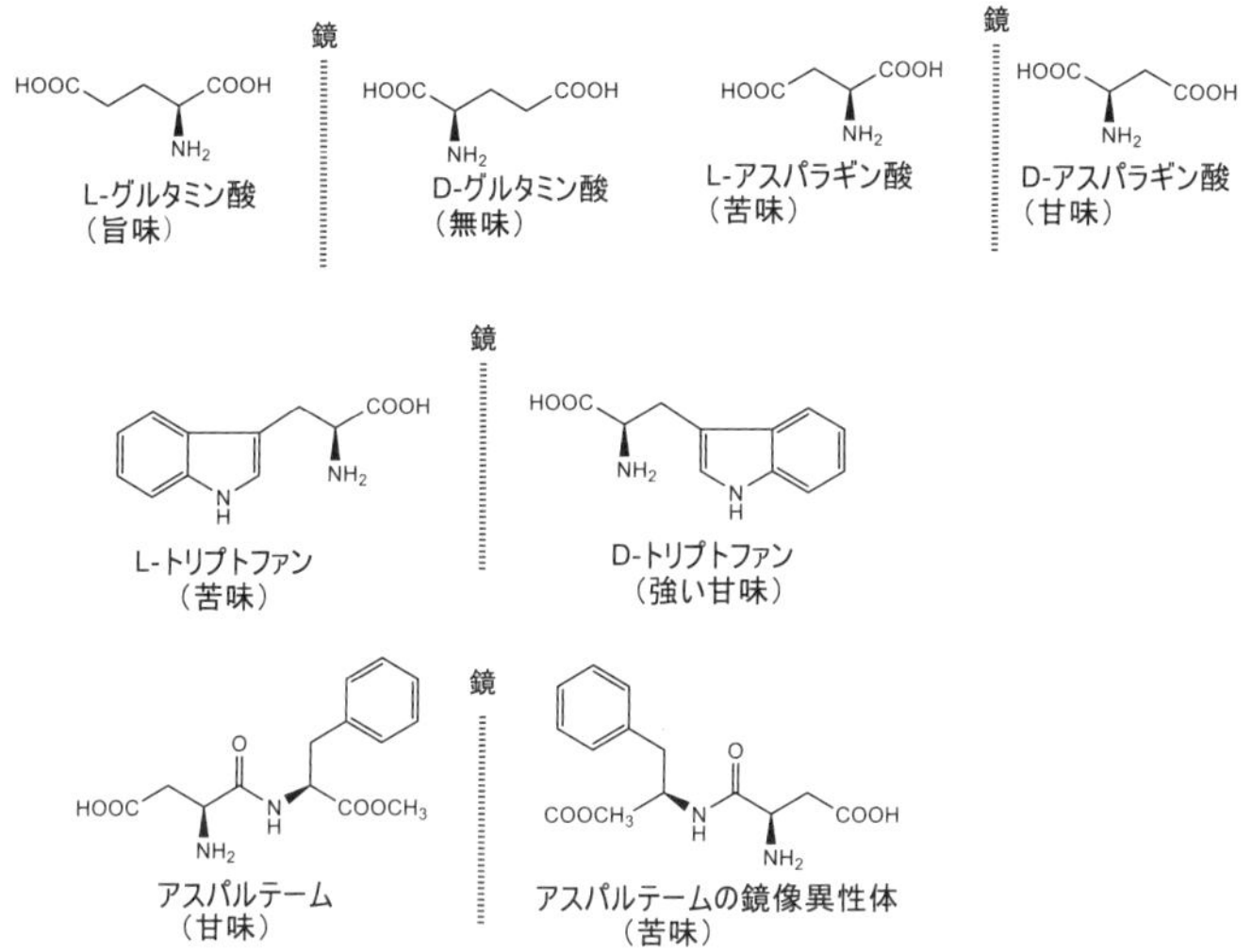

図6-7　L-グルタミン酸は旨味を持っているがD-グルタミン酸は無味である。アスパラギン酸では、L-体が苦味を感ずるのに対してD-体は甘味がある。L-トリプトファンは苦味があるが、D-体は強い甘味を持っている。人工甘味料のアスパルテームは強い甘味を持つが、その鏡像異性体は苦味がある。

名で、ネコ以外のネコ科の動物でも同様である。また笹や竹を主食としているパンダは旨味に対して非常に鈍感であることも有名である。餌を丸呑みするヘビには味蕾細胞が存在しない。ナマズは髭《ひげ》を中心に全身に味蕾細胞を分布させて、餌である小魚を探知し捕食している。

　味覚受容体もタンパク質で構成されているため鏡像異性体を厳格に区別しており、お互いに鏡像異性体の関係にある物質を異なる味として感ずる（図6－7）。ヒトにとってL－グルタミン酸は代表的な旨味成分であり、強い旨味を感ずるが、D－グルタミン酸は無味である。L－アスパラギン酸は苦味を、D－アスパラギン酸は甘味のあることが知られている。タンパク質の

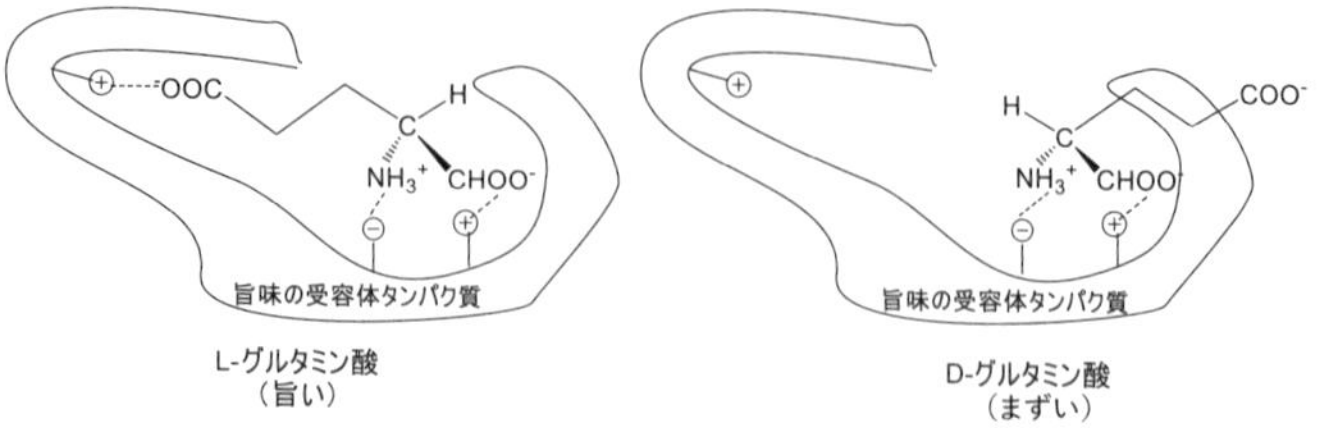

図 6−8　L−グルタミン酸は味蕾に存在する旨味の受容体タンパク質のポケットに良好にフィットして、旨味の情報が味覚中枢に伝わる。一方、D−グルタミン酸は受容体とフィットできないためまずいと感ずる。

構成アミノ酸であるL－トリプトファンは苦味を呈するが、非天然アミノ酸であるD－トリプトファンはショ糖の35倍もの強い甘みを持っている。その他のアミノ酸でも、天然型のL－アミノ酸は甘味を持たないものが多いが、非天然型のD－アミノ酸では甘味を持つものが多い（コラム5）。

我が国で最も広く用いられている人工甘味料であるアスパルテームは、L－フェニルアラニンのメチルエステルにL－アスパラギンがアミド結合したジペプチド誘導体で、砂糖の約200倍の甘味があるが、その鏡像異性体であるD－フェニルアラニンとD－アスパラギンからなるアスパルテームは苦味を呈する。

旨味は最も新しく五味に加えられた味覚で、特に日本料理の神髄と考えられており、英語でも「umami」として用いられている。その中でも、昆布の旨味は重要で、その本体はL－グルタミン酸で、池田菊苗により旨味成分として発見されたものである。

図6－8に模式的に示すように、L－グルタミン酸のアミノ基はアミノカチオン（$-NH_3^+$）の形をとっており、味覚受容体の特定のプラスにチャージした部分と相互作用している。一方、カルボキシル基はアニオン（$-COO^-$）の形をとっており、味覚受容体のプ

ラスチャージした特定の2か所との間で相互作用することで、味覚受容体に良好に収まって旨味を発揮する。D－グルタミン酸では、アミノカチオンと1つのカルボキシアニオンは味覚受容体の対応部位と相互作用できるが、側鎖側のカルボキシアニオンは相互作用ができずに旨味の受容体のポケットにうまく収まることができない。そのため、D－グルタミン酸は旨味どころかまずいという感覚を与えることになる。

右手用の手袋に右手を入れればスムーズにフィットするが、左手を入れるのは難しい。何とか入っても違和感がある。香り物質や味覚物質の受容体に対する鏡像異性体の関係は、左右の手袋に対する右手および左手の関係に例えることができる。

以上のように、有機化合物の不斉が、生理活性に大きく影響することから、医薬品や機能性物質として用いられる物質の不斉を含む立体構造を正しく確認することが必要であり、有効な一方の鏡像異性体を合成して供給することが必要となっている。

column 6

ドラッグリポジショニング――既存薬の転用

医薬品開発はその有効性の確認、副作用の弊害を避けるための安全性の確認と臨床試験に関する基準が格段に厳しくなり、その開発にかかる費用の高騰と時間の長期化が大きなハードルになってきている。新薬の開発には十数年の時間と数十億円の費用がかかるといわれている。そのため、近年では新薬の開発が難しく遅れてきているのが現状である。

そんなとき、すでに厳しい臨床実験や安全性の試験を経て市場に出ている医薬品や、その後、何らかの事情で用いられなくなった薬の中から、従来の治療目的とは異なる薬理活性を見つけて新薬に結びつける開発手法をドラッグリポジショニング（drug repositioning）という。ドラッグリプロファイリングともいわれる。薬物動態試験や毒性試験がすでに行われ市場に出た医薬品であるため、多くの工程をスキップすることができる。これにより、多額の開発費と時間を大幅に節約して、製薬メーカーに大きな恩恵を与えると共に患者に対して安価な薬を迅速に供給することが可能となる。実際にドラッグリポジショニングが行われた例を見てみよう。

アスピリンの例

アスピリンは、植物起源の鎮痛剤を基原として開発された抗炎・鎮痛剤で、小さな分子でありながら百数十年の間広く用いられ、今でも変わらず汎用されている。このアスピリンの新たな薬理活性が明らかになり、心疾患治療のための抗血小板薬として、また大腸がんの予防薬として開発が進んでいる。まさに、ドラッグリポジショニングの典型的な例といえる。

サリドマイドの例

睡眠薬として開発され、妊婦の悪阻予防を目的として鎮静薬とし用いられたが、障害児が生まれる薬害が世界中で問題となった。しかし新たにハンセン病に付随する皮膚炎や疼痛の治療効果が認められ、さらに多発性骨髄腫の治療や前立腺肥大症治療の薬としても用いられている。

バイアグラの例

男性性器の勃起不全の改善薬として開発されたバイアグラには冠動脈拡張作用が新たに認められ、狭心症治療薬として開発されることになった。

てんかん薬ゾニサミドの例

てんかん発作を起こしたパーキンソン病の患者にてんかん治療薬としてゾニサミドを用いた際、発作の治癒と共にパーキンソン病の症状の改善が認められ、ゾニサミドのパーキンソン病治療薬へとつながった。

２０１９年終わり頃から中国の武漢で問題になっていた新型コロナがその後世界中に広がり、パンデミックを起こし、今も多くの尊い命が失われている。この感染は広がる一方で終息の気配は感ぜられない。このような新型の感染症の撲滅にはワクチンや有効な医薬品の開発が必要である。あるいは、首尾よくドラッグリポジショニングが行われることが期待される。

第7章

目的の立体配置を持つ医薬品の供給

被害が世界中に拡散し大きな社会問題となったサリドマイド事件は、最も大きな薬害の一つと認識されている。この原因がどこにあったかであるが、当時の医薬品の合成技術では、一方の鏡像異性体を合成する技術は確立されていなかった。そのため、合成医薬品では鏡像異性体が50：50で含まれるラセミ体の合成が普通に行われ、そのまま医薬品として供給されていた。しかも、両鏡像異性体それぞれが異なる薬理活性を示す可能性についても十分な認識がされていなかった。

サリドマイドでは薬害が問題になった後、この両鏡像異性体のうち（R）-体に目的の鎮静活性があるが、その鏡像異性体である（S）-体に催奇形性があることが明らかになった。このことが注目を集め、その後、不斉炭素を持つ医薬品では鏡像異性体により生理活性が異なるのが普通であり、逆の立体配置を持つ鏡像異性体では同様の効果が期待できないだけでなく、思わぬ副作用を引き起こす可能性が明らかになってきた。その結果、医薬品の供給は、目的の活性を示す鏡像異性体のみを供給できるようにするべきであるという考えが常識となった。その目的を確実に実行するためには、光学分割、生物機能の利用、不斉合成などにより目的鏡像異性体を製造し供給することが必要であるとの認識が広まり、そのための研究が世界の有機化学者により行われるようになった。

鏡像異性体の一方のみを得る方法

鏡像異性体の一方のみを得るためにはいろいろな方法がある。植物や微生物が生合成する天然物は一方の鏡像異性体が供給されるのが普通であり、その多くは生理活性を持っている。そのため、植物や微生物から生理活性物質を探索し、抽出分離して医薬品として用いるのが最も便利である。そこで生理活性物質を含んでいる植物を生薬として用いる方法が古くから行われてきた。科学技術の発展により、近代では植物や微生物から天然物を分離する方法が広く行われるようになり現在に至っている。しかし、天然物の分離にはコストや供給量の点で問題が多い。また、近年では合成有機化合物にも有効な薬理活性が認められるようになってきた。そのため天然物に頼るだけでなく、さまざまな形で合成医薬品が供給できるようになり、生物の機能を利用したり、合成化学的な方法を用いて目的の鏡像異性体を入手する方法が開発されている。

光学分割

先にも述べたように、ラセミ体の合成は比較的容易に行うことができるため、まず有機合成反応でラセミ体を合成する。このラセミ体をいろいろな方法でそれぞれの鏡像異性体として分別・分離する。

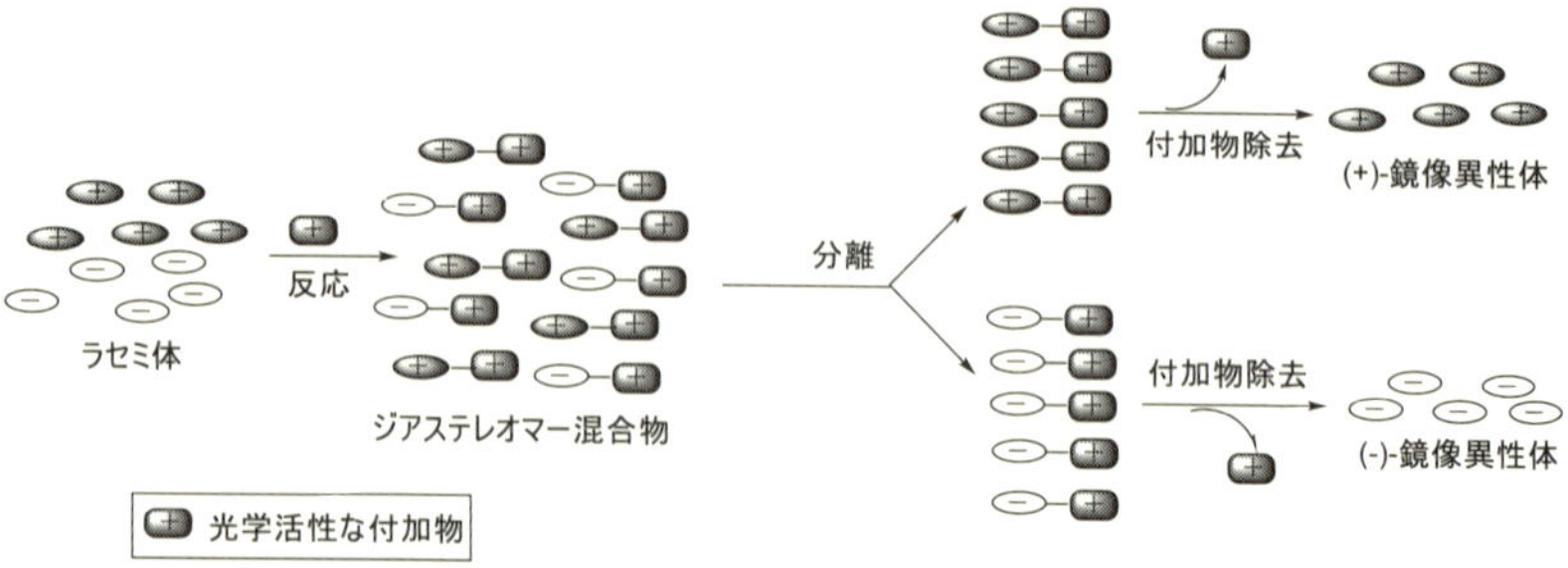

図7‐1　ラセミ体に光学活性な付加物を反応させて、2つのジアステレオマーを誘導。ジアステレオマーを再結晶やクロマトグラフィー法など簡便な方法で分離し、それぞれのジアステレオマーから付加物を除去し鏡像異性体を得る。

ある種の化合物では、再結晶によりそれぞれの鏡像異性体が別々に結晶として得られる例がある。この方法が偶然適用されたのが、パスツールによる酒石酸のラセミ体であるブドウ酸からの（＋）‐酒石酸と（－）‐酒石酸の分別結晶化による分離である。ただし、この成功は非常に稀有な例で、通常ではほとんど見られないため、医薬品等の供給のための光学分割に利用されることはない。

　ラセミ体からの鏡像異性体の分離にはさまざまな工夫が必要である。その方法としては、ジアステレオマー法、酵素法、キラルクロマトグラフィー法がある。

　ジアステレオマーの関係にあるものは異なる化合物であるため、お互い化学的、物理的性質が異なっている。そのため再結晶や蒸留、クロマトグラフィーなどで分離することが可能である。目的物質のラセミ体を合成し、これに光学活性を持つ物質を付加物として付加させることにより、2つのジアステレオマーの混合物が誘導される。それを分別結晶化やクロマトグラフィーなどの簡便な方法で分離精製して付加物を取り除けば、2つの鏡像異性体を得ることができる（図7‐

１）。

この場合、付加物としては入手が容易で安価なもので、しかも付加反応が容易に行うことができ、反応収率が良く、ジアステレオマーとして分離した後で容易に除去できるものを選ぶ必要がある。例えば鏡像異性体が酸性物質の場合、塩基性の光学活性アルカロイド等を付加物として用い、ジアステレオマーの塩として分離し、その後、加水分解で容易に目的物を得ることができる。対象物が水酸基を持つアルコール誘導体の場合は、光学活性なカルボン酸誘導体をエステルの形で付加させ、ジアステレオマーのエステル誘導体として分離後、加水分解して付加物のカルボン酸を除去することでアルコール誘導体の鏡像異性体を得ることができる。

Ｌ－アミノ酸のみから構成されるタンパク質である酵素は、高度に不斉の性質も持っている。そのため基質である鏡像異性体を厳格に識別して反応するため、鏡像異性体の一方のみと反応する。そこで、目的物質のアルコール誘導体のラセミ体に、アセチル化などによりエステル誘導体の形で付加物を結合させる。得られたエステル誘導体のラセミ体を、加水分解酵素であるエステラーゼと反応させエステル結合を開裂させる。酵素は立体選択性があるため、エステル誘導体の一方の鏡像異性体のみが加水分解される。加水分解後、物理的・化学的性質が大きく異なるアルコール誘導体とエステル誘導体を分離し、一方のアルコール誘導体の鏡像異性体とエステル誘導体に分離する。分離したエステル誘導体を化学的に加水分解することで、他方のアルコール誘導体の鏡像異性体を得ることができる。図７－２に酵素法による光学分割の方法を模式的に示す。

近年はクロマトグラフィーの担体に不斉を導入したキラルカラムを用いた分析法が大きく進歩して

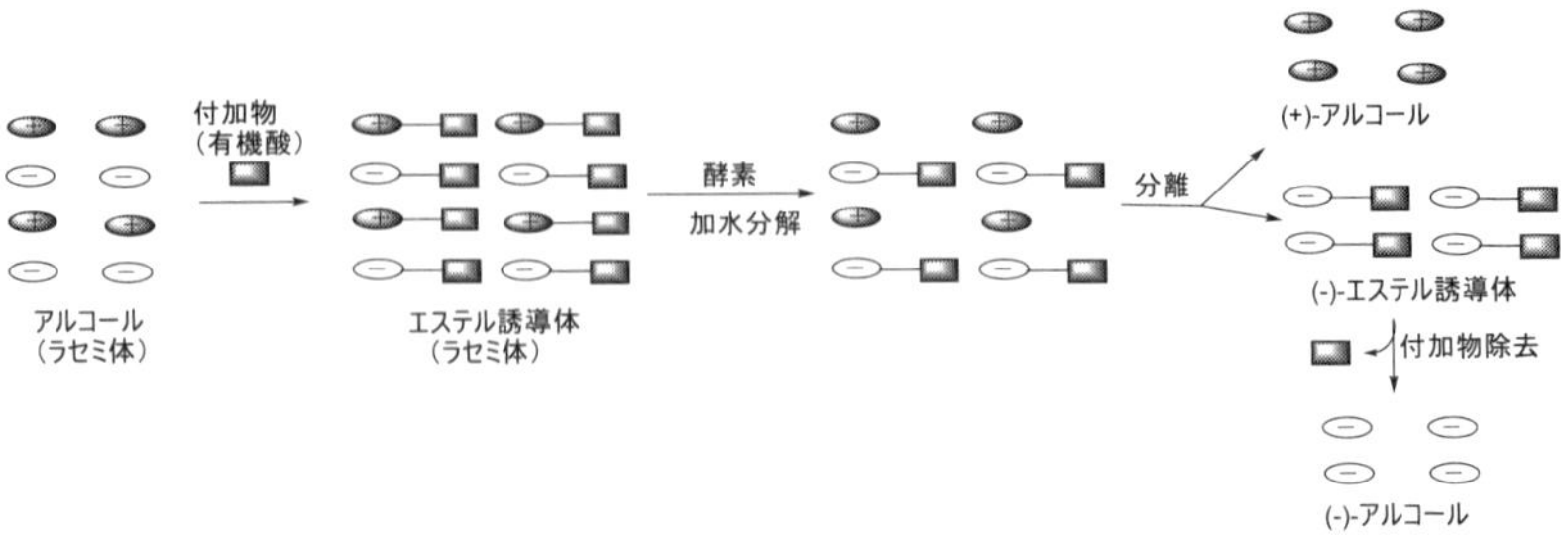

図 7−2　アルコール誘導体のラセミ体をエステル誘導体とし、加水分解酵素と反応させ、(+) −アルコール誘導体と (−) −エステル誘導体として分離する。(−) −エステル誘導体は加水分解し (−) −アルコール誘導体を得る。

いる。そのため、高速液体クロマトグラフィー（ＨＰＬＣ）での鏡像異性体分析が容易に行うことができるようになった。しかし、キラルカラムは非常に高価であるため、研究レベルでの鏡像異性体の分離は普通に行われているが、医薬品の生産などの大量の鏡像異性体生産への工業的応用にはコストの点でまだ問題がある。

いずれの方法も、対象とする化合物の種類と方法の相性に適不適があり、幅広い医薬品の光学分割に適用するには限界がある。

入手容易な鏡像異性体からの化学的誘導
——キラルプール法

自然界には生物、主として植物や微生物が生産する物質は一方の鏡像体であるのが普通で、特に糖やアミノ酸は高度に不斉で一方の鏡像異性体として存在しており、大量に安価で入手が可能なものが多い。グルコースはデンプンやセルロースの構成糖で、これらを加水分解することで大量かつ安価に入手できる。

そのため、D-グルコースなどの糖を不斉な出発原料として目的の不斉な生理活性物質を合成することがしばしば行われる。アミノ酸も鏡像異性体を比較的容易に入手できる物質である。このような不斉を持つ安価で入手可能な原料を出発物質として、不斉な有用医薬品へ誘導する方法をキラルプール法と呼び広く研究が行われている。

キラルプール法の例として、D-グルコースを原料に、その不斉中心の立体配置をもとに新たな不斉を誘導し、大きな分子であるタキソールの全合成研究が行われていたが、その反応工程が長くトータルの効率が良くなかったため、現在ではタキソールは、セイヨウイチイの葉から比較的容易に大量分離可能なバッカチンと呼ばれる成分を原料に数工程を経て合成するキラルプール法で供給されている。タキソールは制がん剤として広く用いられている。

D-リボースを原料として、鎮咳活性を持つアルカロイドであるネオステニンの全合成研究も行われている。

不斉を持たない出発物質からの不斉合成

光学活性な医薬品の全合成を行うための有機合成化学分野の研究は、有機化学の中でも最もホットな領域で、イライアス・コーリー、バリー・シャープレス、野依良治、鈴木章、根岸英一らノーベル化学賞受賞者が数多い例からもうかがい知ることができる。特に、サリドマイド薬害事件の後には、一方の有効な鏡像異性体のみを供給することが必要であるとの社会の要請が高まった結果、多くの有機合成化学者による不斉合成（asymmetric synthesis）研究が盛んとなり、苛烈な不斉合成競争が展開されてきた。

先に述べた光学分割の手法と類似した方法で、入手が容易な不斉を持たない安価な出発物質と不斉な物質とを結合した後、化学反応を行い、お互いにジアステレオマーの関係となる化合物に誘導する。両ジアステレオマーを分離後、最初に結合させた付加物を取り去ってやれば不斉なものを得ることができる。

その一例を図7－3に示す。安価で不斉炭素を持たないピルビン酸に、入手が容易で不斉なアルコール誘導体であるl－メントールを付加物として結合させエステル誘導体とする。これを還元することによりピルビン酸部分のカルボニル基が水酸基となり2種類のジアステレオマーが生ずる。このときl－乳酸のエステル体が過剰に得られる。2つのジアステレオマーは化学的・物理的性質が異なりクロマトグラフィー法などで容易に分離可能である。分離して得られたジアステレオマー誘導体を加水分解し付加物であるl－メントールを取り去ることでl－乳酸とd－乳酸が得られる。

もう一つの方法はよりスマートな方法で、反応を行う触媒に不斉の性質を持たせて行う方法である。この不斉触媒を用いる方法の研究開発が盛んに行われている。不斉触媒は、人工の酵素とも考えられるもので、多くの画期的なものが開発されている。

特に有名なものでは、ノーベル賞を受賞した野依らによる軸性不斉を持つＢＩＮＡＰ触媒がある（図7－4）。ＢＩＮＡＰは、ナフタレン環の結合する軸の自由回転が妨げられ高い軸性不斉の性質を持っている。ＢＩＮＡＰのリン原子（Ｐ）に水素添加（還元）触媒である金属ルビジウム（Ru）を配

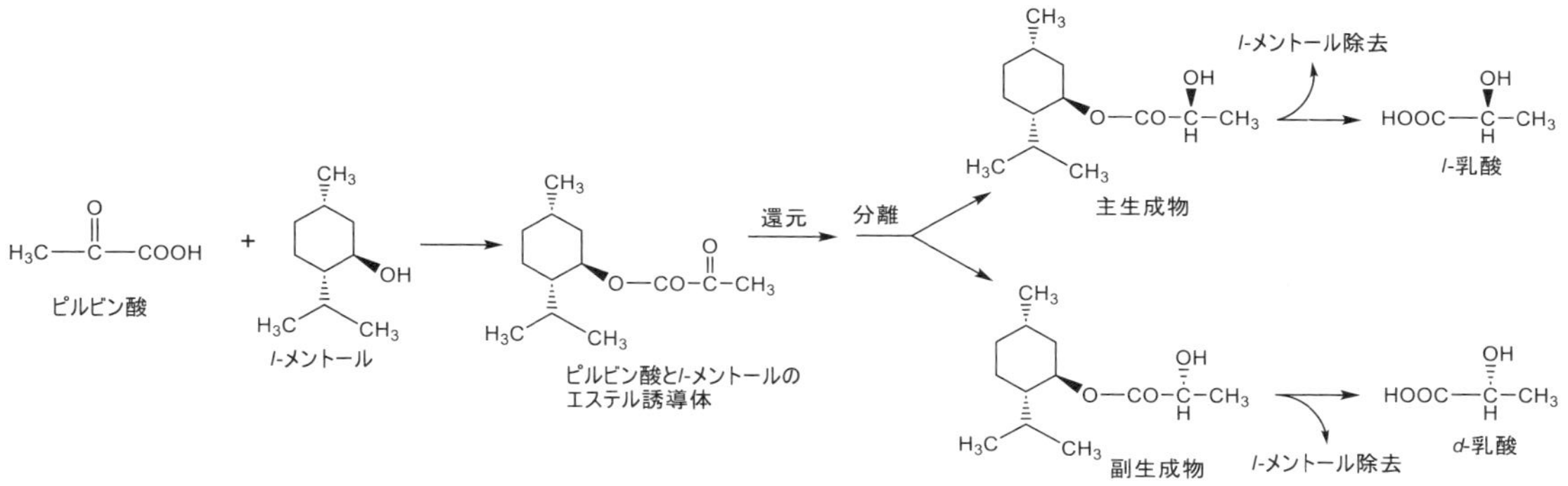

図 7−3　不斉を持たない安価な誘導体であるピルビン酸に、入手が容易で不斉を持つ分子である *l*−メントールをエステル結合させ、これを還元して 2 種のジアステレオマーとする。両ジアステレオマーを分離後、加水分解で *l*−メントールを取り去って *l*−乳酸と *d*−乳酸を得る。

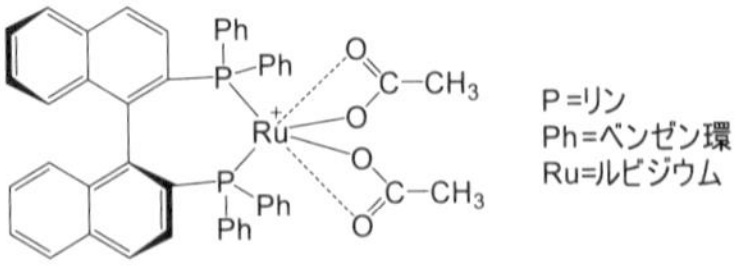

図 7−4　高度な軸性不斉を持つ BINAP に水素添加触媒活性を持つルビジウムを配位させた触媒は高い立体選択性を発揮する。

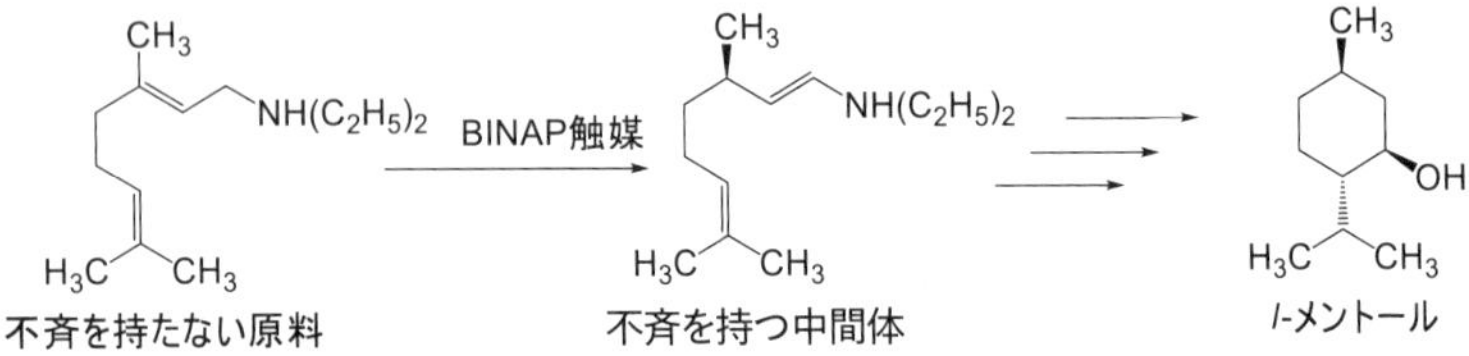

図 7−5　不正を持たない原料を、BINAP 触媒と反応させ、不斉を持つ中間体を誘導。この中間体から数工程の反応を行うことで *l*−メントールの不斉合成が行われる。

位させることにより、高い立体選択性を持つ不斉還元触媒として働くことが明らかになっている。

メントールは先にも述べたように、８種類の立体異性体が存在しているが、そのうち*l*－メントールに需要があり広く用いられている。*l*－メントールは年間約６０００トンが供給されている。そのうち半分はハッカから分離された天然品が、残り半分は合成品が供給されていたが、合成*l*－メントールの供給には光学分割や複雑な反応を経由するためコストに問題があった。それを克服したのが、ＢＩＮＡＰを用いた不斉還元反応による不斉合成法であり、今では効率的に不斉合成された*l*－メントールが供給されるようになっている（図７－５）。

植物や微生物の力を借りる

大地に根を張り生きる道を選んだ植物や高度な生命活動を行うことができない微生物は、自らの生存を有利にするために二次代謝産物と呼ばれる多彩な有機化合物を生産している。それらの多くは何らかの生理活性を持ち植物や微生物の生存のために利用されている。古くから植物には薬理活性が知られており、生薬として疾病の治療に用いられてきた。薬用植物から得られた生理活性成分は医薬品や機能性物質として今でも広く用いられている。微生物代謝産物も抗生物質などとして医薬品に用いられている。

植物や微生物の生産する二次代謝産物は基本的にほとんどすべてが一方の鏡像異性体として生合成されている。そのため、植物や微生物の機能を借りれば特異的に一方の鏡像体を供給することが可能となる。そこで、必要な鏡像異性体の供給のための道具として植物や微生物を利用することが期待される。

植物や微生物の生産物を利用

有史以前から植物には疾病の治療に有効なものがあることが知られており薬用植物や漢方薬として広く用いられている。先にも述べたように、19世紀には、薬用植物からモルヒネやキニーネなど多くの有用な生理活性物質が分離され、疾病の治療に用いられた。制がん物質であるビンカアルカロイドやタキソールなども植物から分離され用いられてきたが、植物からの供給には素材植物の枯渇や、分離供給にかかる時間やコストの問題がある。そのため合成による供給研究が行われている。

一方、物質を単離しないで、有効成分が含まれた薬用植物のエキスのまま用いられる例も多い。有効成分であるセンノシドを主成分として含むダイオウやセンナのエキスを配合した穏やかな効き目の下剤などが広く一般薬として用いられている。当然そこに含まれる活性成分としては求められる立体配置を持つ鏡像異性体が含まれている。

植物の生理活性成分の発見に大分遅れて、1928年にアレクサンダー・フレミングにより微生物から抗生物質であるペニシリンが発見され、1940年代には実用化され多くの人々の命を救った。これが契機となり、微生物も生理活性物質を生産していることが明らかになった。ペニシリンはさまざまな感染症に有効であることが明らかになり、抗生物質と呼ばれるジャンルの先駆けとなった。その後ストレプトマイシン、セファロスポリンなど有用な抗生物質や、スタチンと呼ばれる高脂血症の治療薬などが次々と発見されている。

最近では、大村智により放線菌から分離されたイベルメクチンと呼ばれる物質が話題となった。イベルメクチンは静岡県伊東市のゴルフ場近くの土壌から分離された放線菌*Streptomyces avermectinius*（発見当初*avermitilis*の種名で学術雑誌に投稿したが、その後種名が変更になり*avermectinius*となった）から得られた抗寄生虫薬で、アフリカで広まっている感染症オンコセルカ症の治療に有効で、多くの人々を失明などから救っている。このことが評価され大村は2015年にノーベル生理学・医学賞を受賞した。

微生物起源の医薬品は、生産する微生物を培養することで比較的効率的に生産することが可能であるため植物成分のように供給に苦労することは少ない。微生物が生産する医薬品は当然求める立体配置を持つ鏡像異性体として供給される。

生物の力を借りる不斉合成

生物は酵素を使うことにより高い不斉収率で天然物の生合成を行うことができる。植物や微生物が生合成する二次代謝産物のほとんどは光学活性で、その光学純度はほぼ100%と考えられる。しかも、高い反応効率で生合成を行っている。これは、酵素が働いていることによる。そこで、有用医薬品の不斉合成のため、すべてあるいは一部のステップに生物の力を借りる方法が研究されている。特に微生物の分野では、遺伝子操作した大腸菌などを用いてインシュリンなどの有用ペプチドの合成が行われている。また、微生物が生産する酵素を用いて、反応の一部を行うことも行われている。

植物は特に二次代謝産物の宝庫であるため、さまざまな物質生産能力を持っている可能性がある。植物細胞は、植物ホルモンにより脱分化した細胞であるカルスに誘導し培養することが可能である。カルスは、タンクなどで継続的に維持し大量培養ができ、特殊な代謝能力を遺伝子導入することもできる。植物から誘導したカルスや毛状根などの培養細胞を用いて有用二次代謝産物の生産を行う研究が盛んに行われている。

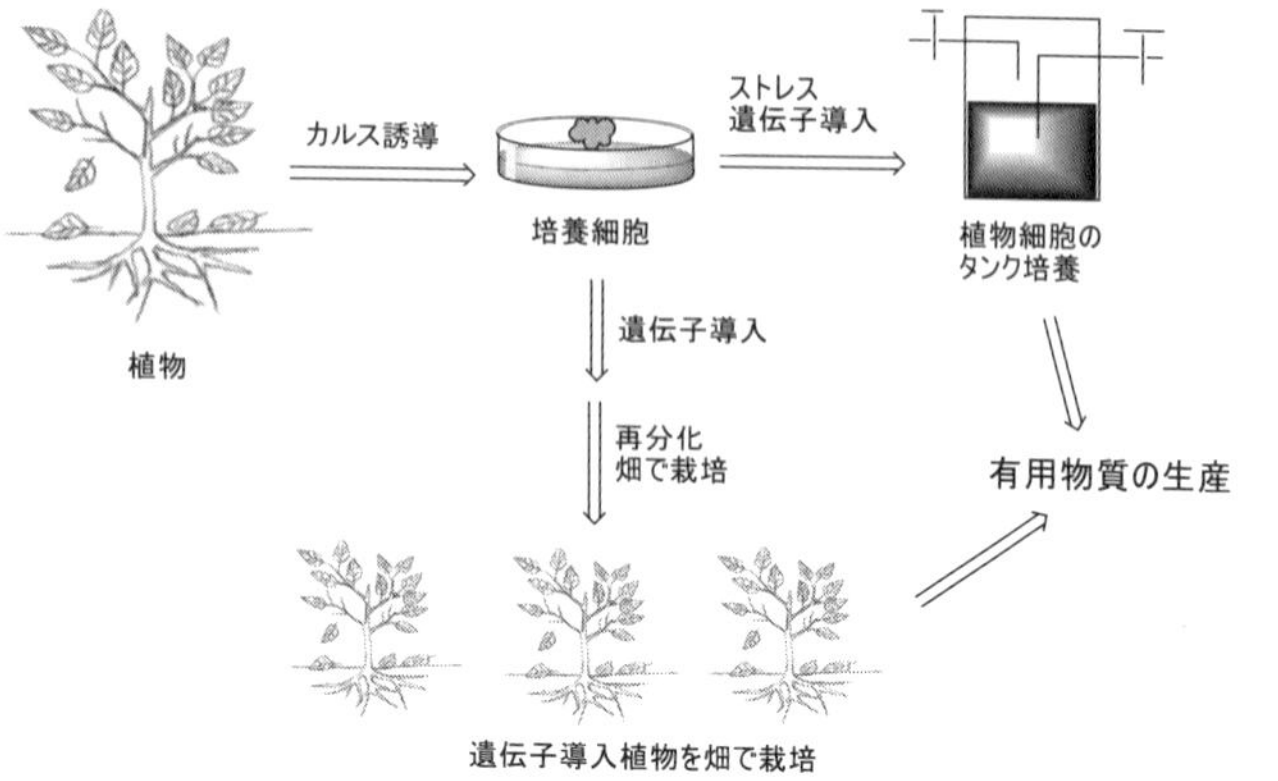

図 7-6　植物の切片からカルスなどの培養細胞を誘導し、遺伝子導入やストレスを与え目的有用物質を生産することのできるカルスを選抜し大量培養することにより、目的有用物質を生産する。あるいは、カルスなどの培養細胞に目的遺伝子を導入後、細分化させ、植物体を誘導し畑で大量栽培し、そこから目的物質を得る。

植物組織培養による方法

植物は分化全能性という性質を持っているため、脱分化したカルスへ容易に誘導できる。カルスは脱分化した細胞のため、二次代謝物質(天然物)の生合成能力を欠くことがあるが、ストレスなどの処理を与えることで二次代謝産物の生合成能を誘導することができる。ストレス処理で二次代謝物質生産能が誘導されれば、タンク培養などの方法で大量培養し有用物質の生産に利用することができる。

毛根病菌(*Agrobium rhizogenes*)の感染により植物から誘導される分化した細胞で、細い根の形態を持った毛状根は培養が容易で増殖力が旺盛であり、もとの植物の二次代謝産物生合成能を持っている。そのため、目的物質を生合成する植物から毛状根を誘導し大量培養して目的物質の生産を行うことが広く研究されている。植物細胞の遺伝子操作も著しく進歩しており、

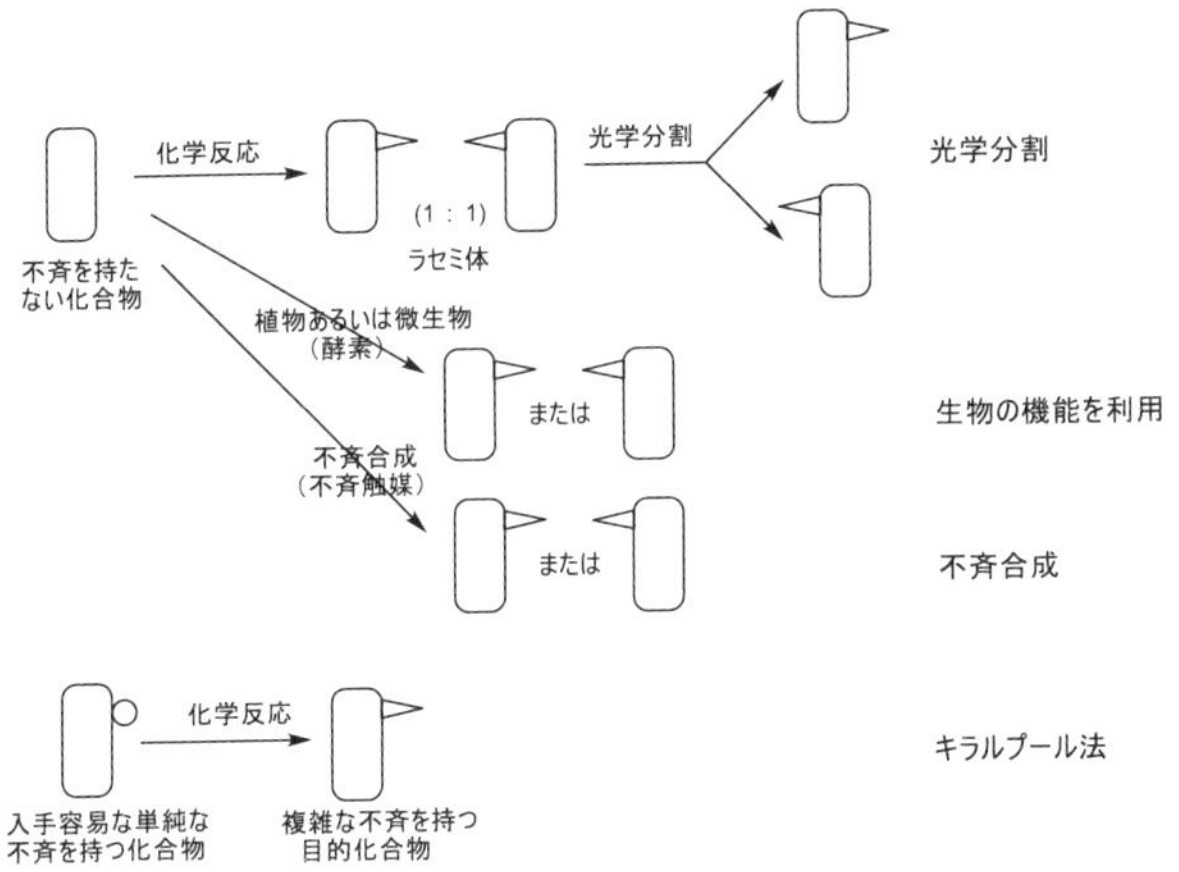

図7-7　目的の立体配置を持つ鏡像異性体を取得するための方法として、「光学分割」「生物の機能を利用」「不斉合成」「キラルプール法」の4つがある。それぞれメリット、デメリットがあり状況により選択されるが、不斉合成が注目されている。

特に近年ではゲノム編集技術も一般化し、目的物質生合成に関与する遺伝子の植物細胞への導入も容易に行うことが可能となっている。また、カルスのような脱分化した細胞への目的遺伝子導入や、二次代謝能を持つ再分化した植物体への誘導が容易になっている（図7－6）。

このような植物培養技術の進歩により、誘導したカルスや毛状根などの培養細胞を大量培養して目的有用物質が生産される。また、目的遺伝子を導入した植物を誘導し畑で栽培して有用物質の生産を行う方法なども検討され注目されている。

植物は多彩な二次代謝産物を生合成するが、目的物質以外の物質も共に生合成されるため、目的物質の分離が困難な場合もある。そこで目的物質の収量がより高くなるような工夫が必要となる。

微生物培養による生産

微生物は培養が比較的容易で、遺伝子操作技術も進んでいることから、有用植物生合成遺伝子を大腸菌などの身近で培養が容易な微生物に組み込み、大量にタンク培養して目的医薬品の生産を行う研究も行われている。微生物は植物のように多彩な二次代謝産物を生合成していない一方、比較的生理活性の強い物質を特異的に生産している。そのため、目的物質を優先的に大量生産することが可能である。特にペプチドやタンパク質、抗生物質などの医薬品の生産には適している。

目的の鏡像異性体を得る方法を模式的に表したのが図7－7である。光学分割、生物による生産、不斉合成、キラルプール法の4つの方法には一長一短があるが、このうち微生物を利用する方法と不斉合成による方法が広く用いられている。

第8章　生物の対称性

ヒト、イヌ、ネコ、ウシ、ウマなどの哺乳類、トカゲ、ヘビなどの爬虫類、ハト、カラス、スズメなどの鳥類、マグロやカツオなどの魚類、ハチやチョウなどの昆虫のように動物は左右対称の形をしているのが普通である。これらの動物は生きていくために、歩いたり、走ったり、泳いだり、空を飛んだり素早く動くことが必要で、左右対称の形をしている。一方、巻貝や植物は左右が非対称の形になっている。これらの非対称の形の生物は、その生活様式からして動きの鈍いものか地に根を張り動く必要がないものである。

左右対称の動物の中にも、対称性を持たないものがいる。例えばヒラメやカレイのような魚、サザエやカタツムリのような巻貝は当然左右対称性を持っていない。また、クラゲや棘皮動物などは放射相称ではあるが左右対称とはいえない。これらの動物には前後がなく、動く必要がないか積極的に動くことはない。巻貝は螺旋形をしているため螺旋の向きは右回りと左回りが存在しうる。螺旋の巻く方向で生きていくために有利不利があるのか。自然界ではその巻く方向の比率はどうなっているのかなど興味が持たれる。

動物は基本的に対称構造

微生物はあまりにも小さいので除外して考えるが、地球上の生物、特に昆虫、魚、鳥、両生類、爬虫類、哺乳類などの動物はほとんど前後（頭と尻）、上下（背中と腹）の区別が明らかで左右は対称形をしている。一方、植物は必ずしも対称構造をしているとはいえない。

動物がいつの時代に左右対称の形になったのかの議論があるが、5億4200万年前に始まったカンブリア爆発で多様な生物が進化した頃の化石から左右対称構造を持つ動物によるものが見つかっていることから、5億5000万年前頃と考えられていた。だが、それ以前の地層からベルナニマルキュラと呼ばれる0・1〜0・2ミリメートルの小さな左右対称構造を持つ動物の化石が見つかり、多細胞動物が誕生（約10億年前）した後の6億〜5億8000万年前頃であろうと主張する科学者もいる。

動物はその名前が表すように「動く物」であり、生きていくために餌を求めて移動し、天敵から逃れるためにも動かなければならない。また、子孫を残すためには伴侶を求めて動く必要がある。しかもできるだけ俊敏に動くことが求められる。このように動物が多細胞生物となり、その生活様式から動くことが必要になったことで、左右対称の形態を持つように進化したと考えられている。この頃は有害紫外線や放射線が地表に降り注いでいたため、生物は海の中で生活していた。そのため甲殻類や魚類などの生物が海の中で繁栄し泳ぎ回っていた。

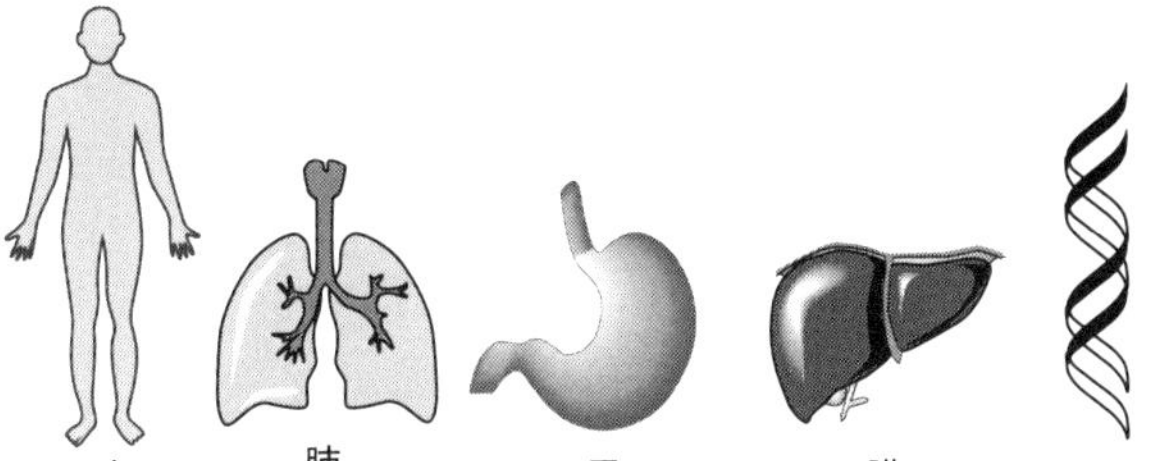

図 8-1　ヒトの外形は左右対称の形をしているが、体内の臓器では、2 つある肺などの臓器は左右対称の形をしているが、1 つしかない胃や肝臓などは非対称の形をしている。細胞内で働く DNA や酵素などは非対称の形をしている。

重力が働く地球に生きるため上下の区別が、動く方向を決めるため前後の区別が確立された形に進化した。素早く動く必要のある動物たちにとって、もし体が左右対称でなかったらどうなるだろうか。軽快に迅速に動く場合は左右対称でなければ大きな障害となる。例えば我々人間では、片手に何か大きな荷物などを持って左右の対称性が崩れればたちまち軽快に歩いたり速く走ることは難しくなる。これは、重力が働いている地球では、陸上、水中、空どこでも、動くためには左右対称の構造が最も適しているからである。その結果、進化の過程で動物は最も都合の良い左右対称の形を獲得してきたのである。

魚の形がもし非対称だったら、まっすぐ泳いだり、左右に自由に曲がったりすることは難しいだろう。海に棲む生物が繁栄した時代、弱肉強食の食物連鎖がある中、速く、そして身軽に泳いで餌を取ったり天敵から逃れたりできる左右対称の生き物が活躍繁栄した。同様に、鳥や昆虫が非対称の形をしていたら、空中を自由自在に飛び回ることはまったく不可能になる。

ヒトの腕や足、頭、胴体など外形は左右対称であるが、体の動作と直接関係のない臓器などではどうだろうか。1 つしかない胃、腸、心臓、肝臓、膵臓《すいぞう》といった臓器は移動などの動作に影響がないため、対称性を持つ必要がなく、その機能に適した独特の形を持つように進化してきたと考えられている（図8－1）。肺や腎臓など2つある臓器は左右に対称的に配置されている。多くの臓器が限られた体内にうまく収まるような形と配置を持つように進化してきたと考えることができる。

光の情報を受け取る目は、左右対称に配置されることで幅広く情報を受け取ると共に遠近感を有効に働かせている。音の情報を受ける耳も左右対称に配置され、音情報を受けると共に音の発生方向を敏感に感ずることができるように働いている。

ヒラメとカレイ

上記のように魚は左右対称の形が普通であり、その形が素早い安定した泳ぎの決め手になっている。しかしどういうわけかヒラメとカレイの仲間は非対称な形をしている。これは、ヒラメもカレイも海底にぴたっとへばりついて砂の中に身を隠して餌を捕食する行動に適応し、素早く泳ぎ回る必要のない生活をするようになり、むしろこの扁平で非対称の形が都合が良くなったからであろう。

ヒラメとカレイは同じカレイ目の、ヒラメ科とカレイ科に分類される。しかし、ヒラメとカレイの区別はどうなっているのかについては知られているようで知られていない。ヒラメとカレイを見分ける方法として「左ヒラメに右カレイ」という言葉がある。ヒラメとカレイをお腹側が下になるように置いたとき、向かって左向きになるのがヒラメで、右向きになるのがカレイである（図8－2）。ただしこれは日本で一般的に市場に出るヒラメとカレイについていえることである。カレイの仲間であ

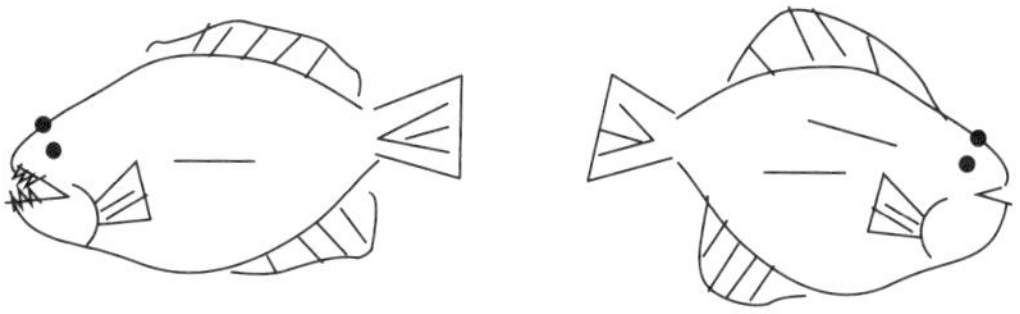

図 8-2　日本で獲られるヒラメやカレイでは、お腹を下に来るように置いたとき、顔が左側を向くのがヒラメで、右側を向くのがカレイである。ただし世界では必ずしもこれが当てはまらない。ヒラメは獰猛でやや大きめの口と鋭い歯を持つが、カレイは穏やかな性質でおちょぼ口を持っている。

るにもかかわらずヌマガレイは特殊で、日本近海では左向きが普通であるが、アメリカ産のヌマガレイでは右向きのものが50％近くになってくる。世界的には左向きか右向きかでヒラメとカレイを区別するのは困難なようである。また、分類的にはヒラメの仲間であるが、サクラガレイ、メガレイ、ダルマガレイ、テンジクガレイなどとカレイの仲間のような名を持つものもあり複雑である。

ヒラメとカレイの大きな違いはその性格である。ヒラメは肉食で獰猛で、海底の砂に隠れ、近くに来た比較的動きの速いイワシなどをとらえて食べるため鋭い歯を持ったやや大きな口をしている。カレイは穏やかな性格で比較的動きの鈍いゴカイなどを主食とするためおちょぼ口を持っていておとなしい魚である。そのため、ヒラメはオオグチ、カレイはクチボソなどとも呼ばれる。食性を反映しヒラメとカレイでは釣るときの餌が異なっている。ヒラメの場合はイワシや小アジなどの生餌を用いるがカレイの場合はイソメやゴカイなどを用いる。なお、ヒラメは素早い動きをする小魚を餌とするため、イソメなどを餌とするカレイに比べ運動量が多く身がしまっている。そのためヒラメは刺身などとして、カレイは煮つけなどとして食べられることが多い。

ただ、ヒラメもカレイも生まれてしばらくの間は普通の魚と同様の左右対称の形をしている。この頃は本来のヒラメやカレイの生活ではなく、海中に浮遊するプランクトンを捕食しているものと考えられる。生まれてから20~40日ぐらいで目がそれぞれ左と右に偏り始め、体色も目のある側（成魚では背中の部分）で色素が蓄積し黒っぽくなっていき、反対側は白いままとなる。

でもなぜ左右対称の体形から活動しづらい偏った体形になる必要があるのだろうか。ヒラメやカレイのように扁平で偏った目を持つ仲間は600種以上いるといわれ、海底の砂地にへばりつくように暮らしている。ヒラメやカレイは砂地に身を隠して身を守ると共に、待ちかまえ近づく餌を捕食している。他の魚のように俊敏に動くことなく海底で生活するためには、このように2つの目が上側に来る扁平な形が都合が良かったのであろう。

昆虫は左右対称

節足動物に分類される昆虫類、エビやカニなどの甲殻類、クモ類、ムカデ類などは動き回ったりするために左右対称の構造を持っている。地球上で最も種の数が多い昆虫は、素早く動いたり飛んだりするために左右バランスのとれた体は必須の条件である。そのため、昆虫は左右対称の形をしている。カやハエ、ハチ、チョウ、バッタなどの俊敏で安定した飛ぶ姿には驚かされるが、これらの昆虫の飛んでいる姿は間違いなく左右対称の形をとっている。

飛んでいないときの姿も左右対称に見えるが、一部の昆虫では飛んでいないとき、畳んだ翅《はね》の左右が重なり、そのどちらかが上に来て、やや対称が崩れる状態となることがある。例えばコオロギでは右の翅が上に、バッタでは左の翅が上に重なるように翅を畳んでおり、昆虫の種類によって決まっているようである。カメムシでは両方が見られるが、右の翅が上に来る場合と左の翅が上に来る場合の比率が生息地域で異なり、3：1から6：1で、右の翅が上に来る場合が多いようである。

こんなところにも左右対称性が崩れることがあるが、飛行するときには翅を対称形に広げるため問題はない。また翅を畳んだときの対称性の崩れはわずかなため、地上での動きに影響はなく生存にはまったく影響しない。

シオマネキ

カニやエビの形は通常、左右対称であるが、一部には対称性の崩れたものがある。カニの中でも、大きさが2〜4センチほどの比較的小型のシオマネキは一方のハサミが特に大きくなった非対称の形をしている（図8－3）。大きなハサミを持つのは雄だけで、これを振りかざして求愛相手の雌を求めて雄同士争うために利用し、主には雌にたくましさをアピールするためにこのようになったと考えられている。大きなハサミを持ちたくましく見える雄が雌に魅力的に映るようである。もう一方の普通の大きさのハサミは餌を食べるためには必要なものである。なかには両方のハサミが大きくなった個体がいるようであ

図8−3　シオマネキの雄は一方のハサミが極端に大きくなっており、左右どちらが大きくなるかは種によって違う。

るが、雄同士の争いには有利かもしれない一方で、餌を食べたり移動したりの普段の生活には大きな2つのハサミが重荷になり、かえって生きていく障害になってしまう可能性がある。

シオマネキの左右のどちらのハサミが大きくなっているかの割合については差がないといわれているが、シオマネキの種類によっては左右の大きさに偏りが見られるものもある。オキナワハクセンシオマネキやヒメシオマネキでは右側のハサミが大きいものが圧倒的に多いとの報告がある。いろいろなシオマネキについて左右の優先性の調査がされればおもしろいだろう。なお、シオマネキのどの種類でも雌は小さな2つのハサミを持っている。またサワガニの雄でも、シオマネキほどの極端な差ではないが、左右のハサミの大きさが少し異なっており、右のハサミがやや大きい傾向がある。

カニは横歩きをすることが多いが、それが意外と敏捷である。非対称なハサミは歩行に直接関わる部分でないため、生活には大きな支障がないと考えられる。

巻貝

ほとんどの動物の外観は対称性を持つ形をしているが、その例外は迅速に動くことのない生活をする貝類であろう。二枚貝はおおむね対称構造をしているように見えて、アサリ、ハマグリ、ホタテガイ、アカガイなどわずかにゆがんだ形をしているものが多い。対称性が失われたものとしては、アコヤガイやタイラギなどがあり、特に岩場などに付着して移動しないで生活するカキは、完全に対称形が崩れて自由気ままな外観を持っている。

対称性の崩れた貝として興味が持たれるのは巻貝であろう。巻貝の殻は螺旋形をしているため必然的に非対称の形を持つことになる。巻貝も迅速に動くような生活をしていないためこの形態で問題がないのだろう。巻貝の殻の螺旋の巻く方向の決め方はどのようになっているのだろうか。貝を尻の方から眺め、螺旋をその中心から外側にたどってその方向が時計回りのときを右巻き、反時計回りのときを左巻きと呼ぶことになっているようである。

一般的に巻貝では右巻きのものが多く、貝の種類によって巻き方が決まっているようである。この非対称性は、発生当初の受精卵細胞の分裂の過程で、遺伝子によりコントロールされ右巻きか左巻きかの方向が決まっているといわれており、遺伝子レベルでの基礎的な研究も行われている。

海生巻貝で世界一大きいといわれる種はオーストラリア北部のアラフラ海域に棲むアラフラオオニシで、最大80センチもの殻長を持つものがいる。2番目はアメリカ南部フロリダ沿岸からメキシコの東海岸に棲むダイオウイトマキボラで60センチの殻長を持つものが知られており、フロリダ州の貝に指定されている。日本の大型巻貝では、ホラガイで45センチの殻長を持つものがある。これらの大型の巻貝も基本的には右巻きのようである。

我が国ではホラガイ、サザエ、タニシなど多種類の水生の巻貝が存在しているが、ほとんどの巻貝は右巻きで左巻きのものは珍しい。淡水産のサカマキガイの殻は左巻きの螺旋を持っており、「逆巻貝」の名前の由来である。

陸生の貝であるカタツムリ（蝸牛）の殻の螺旋はほとんど右巻きで、左巻きのものは限られた種類に限定される（図8－4）。ヒダリマキマイマイ、イワデマイマイ、ミチノクマイマイ、ナンブマイマイなど、東北地方や関東地域に生息するカタツムリは左巻きである。沖縄地方にも、クロイワヒダリマキマイマイ、リュウキュウヒダリマキマイマイなど左巻きのカタツムリが生息している。

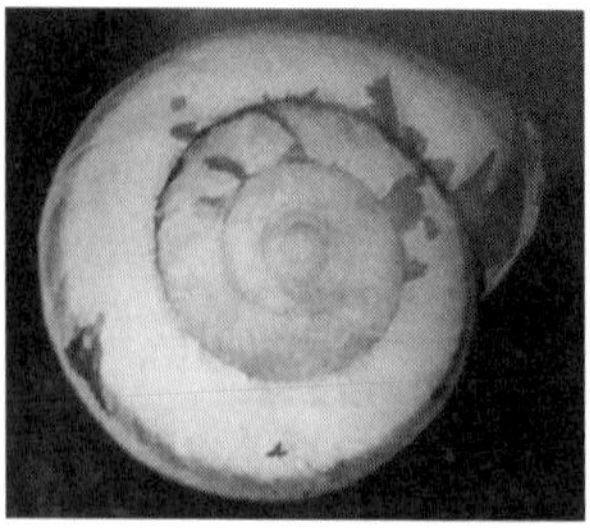
図8-4　カタツムリの殻の螺旋は右巻きが普通である。

カタツムリと同じ陸生の貝であるエスカルゴは、ヨーロッパでは広く食べられているためその巻き方に関する観察がされている。この場合も左巻きのものを見つけるのは相当困難なようであるがたまに左巻きのものがあり、多数のエスカルゴの貝殻を用いた観察の結果、右巻きと左巻きの比率は約2万：1であるとの話がある。基本的には右巻きが普通で、左巻きは非常に稀な例のようである。

カタツムリは雌雄同体であるが、生殖には他個体との交尾が必要である。突然変異で生まれた左巻きのカタツムリと、右巻きのカタツムリとの生殖行動が観察研究されているが、正常に行うことができないことが明らかになっている。ちなみに、左巻き同士では順調に生殖行動は行われるようである。

東南アジア、中国南部、インドなど亜熱帯地域にはカタツムリを常食とするセダカヘビの仲間が生息している。日本では沖縄の石垣島と西表島に、無毒で夜行性のイワサキセダカヘビが生息しており、右巻きのカタツムリを常食としている。そのため、右巻きカタツムリの捕食に都合の良いように下あごの歯の形態が進化し右利きのヘビともいわれている。具体的には下あごの歯の数が、右側が24本であるのに対して左側は16本の左右非対称になっている。イワサキセダカヘビだけでなくセダカヘビの仲間は右巻きのカタツムリを常食とし、下あごの右側の歯の数が多い。左右の歯の数に差のないセダカヘビがいるが、この仲間は殻を持たないナメクジを常食としているために、左右非対称な下あごを

図8-5　さまざまな模様と色彩を持つダンベイキサゴの殻の螺旋は、他の多くの巻貝と同様に右巻きである。

持つ必要がなかったと考えられる。

セダカヘビの仲間は左巻きのカタツムリを捕食することが苦手であるといわれている。このことと関連してか、イワサキセダカヘビの生息地には左巻きカタツムリの生息が見られるが、これは、主として右巻きのカタツムリがイワサキセダカヘビに食べられることが、左巻きカタツムリの生息に優位に働き左巻きカタツムリの生息を後押ししたのではないかといわれている。

サザエなどの水生の巻貝は普段食べる機会が多いが、その殻の巻き方が右巻きか左巻きか意識することは少ないと思う。基本的には右巻きのものが普通で、当然殻だけでなく中身も螺旋形をしている。

秋田県の男鹿半島や九州沿岸、千葉県九十九里浜や静岡県の駿河湾、浜名湖、高知県の土佐湾などで漁獲され広く食べられているダンベイキサゴという巻貝がある（図8－5）。この貝は殻の表面の色彩や模様がさまざまで可愛らしく他の巻貝と同様の右巻きである。昔は漁獲量も多く、魚屋で普通に売られ子どものおやつになっていたほどであった。今ではやや珍しくなったが、スーパーで見かけることもある。ゆでて食べるとおいしく、酒のツマミにピッタリといわれており、ナガラミ、ナガラメ、マイゴ、キシャゴ、ダンペイなどとも呼ばれている。

巻貝の殻の左右の巻き方が種で決まっていることは、先にも述べたように生殖に好都合であるという理由に帰結できる。先祖の巻貝が誕生したとき、何かの原因でたまたま右巻きの巻貝が誕生し、この性質を遺伝的に維持して多種類の右巻きの貝へ進化してきたと考えられる。突然変異など進化の過程で左巻きの貝も誕生し、数は少ないが左巻きの種が存在している。しかし、なぜ最初に右巻きの貝が誕生したかの理由は地球生命のホモキラリティーと同様にわからない。

貝類は世界中で広く食べられているが、特に我が国ではアサリ、シジミ、ハマグリ、カキ、ホタテ、アワビ、サザエなどをはじめとして多くの貝類が広く食べられている。そのため、ときどき貝毒による食中毒が問題になる（コラム9）。世界中の海では下痢性貝毒や麻痺性貝毒の発生が知られており、我が国の近海でも例外ではない。

右利き左利き

ヒトは、右利きと左利きがあり、世界中で右利きが優勢で、左利きの比率は10％前後といわれている。左利きの多い国としてはオランダ、ニュージーランド、ノルウェーなど、左利きの少ない国としてアメリカ、イタリア、台湾などが知られている。日本人は、おおむね世界標準に近く、左利きがおよそ11％といわれている。昔は、左利きの子どもは家庭や教育の場で右利きに矯正されることもあったため、左利きの割合はより少なかったと考えられる。今では左利きを右利きに矯正する風潮はあまり見かけないようである。

この世の中は右利きの人を中心に回っているため、左利きの人はいろいろなことで不便を強いられている。身の回りの日用品では、包丁、ナイフ、ハサミなどの刃物、腕時計、缶切り、パソコンのキーボード、カメラのシャッター、自動改札機のタッチや自動販売機の貨幣の挿入口、エレベーターのボタン、ギターなどの楽器、グローブやゴルフクラブなどのスポーツ用具等々、さまざまなものが基本は右利き仕様である。左利きの人のための用具もあるが、供給量が少なく入手が容易ではないこともある。文字の記述にしても、英語など外国語や横書きの日本語は右利き用にできているため、左利きの人には記述しにくい面がある。

それでも左利きの人にとって有利な点がある。対戦型のスポーツ、例えば野球の打者や投手、ボクシングやテニスなどの個人競技では、左利きの選手が有利であると考えられている。左利きの人は普段右利きと対戦し、右利きの選手の対応に慣れているが、一方、右利きの選手は左利きの選手との対戦機会が少なく、左利きの選手の対応に慣れていない。そのため左利きが有利と考えられる。また、優れた著名人には左利きの人が多い傾向にあるともいわれており、特に芸術分野では左利きが有利であるともいわれている。

以前、左利きの人は右利きの人より短命であるとの論文がカナダの心理学者スタンレー・コレンにより著名な学術雑誌（*Psychological Bulletin*）に掲載され話題となった。その原因として、右利き優位の世の中では、左利きの人には暮らしにくいなどのストレスや、事故にあいやすいとか、女性より寿命の短い男性に左利きが多いからなどの考えがあるが、科学的根拠は明らかになっていない。その後、左利きの人の短命を否定する報告が学術雑誌に報告されている。

確かに右利き社会である世の中は、左利きの人たちにとって生活しにくい点が多々あるが、左利きの人は右脳を使うため右脳を発達させる。一方、右利きの人は左脳を使うため左脳を発達させる。右脳は非言語である空間認識や画像処理をつかさどり、左脳は言語情報処理をつかさどっている。そのため、左利きには空間認識に秀でた人が多くなり、三次元空間を舞台とする美術などの芸術やスポーツなどに優れた才能を発揮する可能性が高いといわれている。また、右利き社会でストレスのある生活をすることにより、左利きの人は普段からミラードローイング（鏡に映った像を描くことで脳の空間認識機能の訓練になる）を行って脳のトレーニングを行っていることになる。そのため、左利きには芸術、音楽や科学などで天才が多いといわれている。アリストテレス、ミケランジェロ、ピカソ、バッハ、モーツァルト、マリー・キュリー、ダーウィン、アインシュタイン、ニュートン、エジソンなどが左利きである。

ヒトの頭のつむじにも右巻きと左巻きがある。つむじの中心から外側にたどったときに時計回りであれば右巻き、反時計回りであれば左巻きと呼ぶ。世界的には右巻きが多く、左巻きは約30％といわれているが、割合は国や地域によって異なるようである。左巻きの割合は日本で最も多く48％で、右巻きと左巻きが同じくらいいるようだ。海外を見ると韓国40％、中国30％で、ヨーロッパが最も少なく20％といわれている。つむじの数は1つの人が約90％で、2つある人が7％、3つある人は2％以下といわれている。

図8–6　木にしても草にしても植物は全体的に対称性にこだわらず枝葉を伸ばし成長している。左はジャカランダと呼ばれる樹木。右は草本のショウガ。

動かない植物は対称構造がいらない

草本植物、木本植物、蔓性植物はいずれも、三次元空間に自由奔放に枝葉を伸ばした非対称の形をしている。メタセコイアなどのように遠くから眺めると二等辺三角形の対称構造に見えるものもあるがほとんどの木本植物は非対称構造をしている。草本植物も対称性を意識しないで成長している（図8－6）。

植物は地に根を下ろして光合成を行い、自ら作ったエネルギーを用いて生活するために、食料を求めて歩き回る必要がない。そのため、動物のようにあえて対称構造になる必要がない。極端にバランスが崩れ立っているのが困難にならない限り対称性を維持する必要がないからと考えられる。動かないで生きていくために環境に適応し、より太陽エネルギーを取り込むため太陽の方向に枝葉を伸ばし、強い風の吹く場所では風の影響をやり過ごすために風下に向かって枝を伸ばしていく。障害物があればより開けた空間に枝を伸ばして成長する。このように生育環境に臨機応変に対処し体自体を曲げたり、枝を伸ばす方向を変えたりするには対称性を維持することが困難なためと考えられる。いずれにしても、体を均整のとれた形にする必要がない。そのため周囲の環境に柔軟に対応し自由に枝葉を伸ばしている。

植物の部分は基本的に対称構造

植物の全体の形はほとんど対称性の構造を持っていないが、花や葉、果実といった植物の部分について考えてみると状況は大きく異なっている。

特に花の場合、基本的には放射対称性と左右対称性が基本である。原始的には放射対称性の花が始まりで、進化の過程で一部の科では左右対称性の花が誕生したと考えられている。花の形は、ポリネーターである昆虫にとって見つけやすく、蜜を吸いやすく花粉を運んでもらいやすいように対称性をとるようになったのではないだろうか。

単子葉植物では、ラン科、ショウガ科、サトイモ科などで左右対称性、ユリ科、ヒガンバナ科、アヤメ科などで花は放射対称の形をとっている。一方、双子葉植物では、シソ科、ゴマノハグサ科、マメ科、ユキノシタ科、ツリフネソウ科などで左右対称の花を、バラ科、キク科、ツツジ科、ミカン科、フウロウソウ科、ナス科、サクラソウ科、セリ科、ケシ科、ヒルガオ科など多くの植物が放射対称の花を咲かせている（図8－7）。

葉の場合は、光をより多く受けて効率的に光合成を行うため、扁平に広がった左右対称の構造をとる。ほとんどの植物の葉は対称形をしているが、シュウカイドウ、ベゴニア、モンステラ、アキニレなど非対称構造の葉を持つ植物も稀に見られる。葉はいろいろな形をしたものがあり、代表的なもの

図 8−7　花は放射対称のものが多いが、スミレ科のパンジー、マメ科のスイートピー、ラン科のシラン、スイカズラなど左右相称のものもしばしば見られる。

として、披《ひ》針《しん》形、倒披針形、楕円形、卵形、倒卵形、針形、倒針形、矢じり形などがあるが、基本的にはいずれも左右対称の形をしている。

果実や種子については放射対称の形のものが多いようであるが、対称構造を持つことで鳥や動物が見つけやすく食べやすい形をとっていると考えられる。

蔓性植物の蔓の巻き方

被子植物である蔓性植物の多くは、茎が変形した蔓を他の植物や支柱に巻きつけることで細く長い体を支えている。キュウリなどのように茎を巻きつけるのではなく巻き髭を伸ばして他の植物や支柱に巻きついて伸びるものもある。また、ツタの仲間は蔓を伸ばしながら適当な間隔で付着根（気根）を出し、これを使って木や壁などに接着することで体勢を維持している。枝や支柱に巻きつく蔓性植物は、比較的細い他の植物や木の枝などに絡んでいくため蔓を伸ばしていくのに限界がある。一方、付着根で伸びている蔓植物は、どんなところでも接着す

表8-1　右巻きと左巻きの植物の例

右巻きの植物	左巻きの植物
クズ、アケビ、アサガオ、キウイフルーツ、ネナシカズラ、ヤマフジ、ヤマノイモ、ツルニンジン、ハスノハカズラ、ウマノスズクサ、マタタビ	スイカズラ、ヘクソカズラ、カナムグラ、ホップ、チョウセンゴミシ、オニドコロ、フジ、ツルリンドウ

ヤマノイモ　　アサガオ　　スイカズラ

図8-8　ヤマノイモ、アサガオは右巻き。スイカズラは左巻きである。

ることができるため、大木や壁など広い範囲で蔓を伸ばしていくことができる。ツタの仲間が建物の壁一面に広がっている様子やツルアジサイが大木に付着して高く伸びている様子はよく見られる。

蔓で巻きつくにしても、巻き髭で巻きつくにしても、その巻く螺旋の方向が右巻きか左巻きかの非対称になるため、植物ごとに決まっているのかに疑問を感ずる。決まっているとしたらどのように決まっているのかが気になる。植物の蔓は、茎が変化したもので、巻きつく方向は植物の種によって遺伝的に決まっており、植物の生育条件や生育場所などには影響されないようである。表8-1に右巻きと左巻きの一例を挙げる。右巻きの植物の方が、左巻き植物より多いようである（図8-8）。

ところで、蔓植物の巻き方で、右巻きと

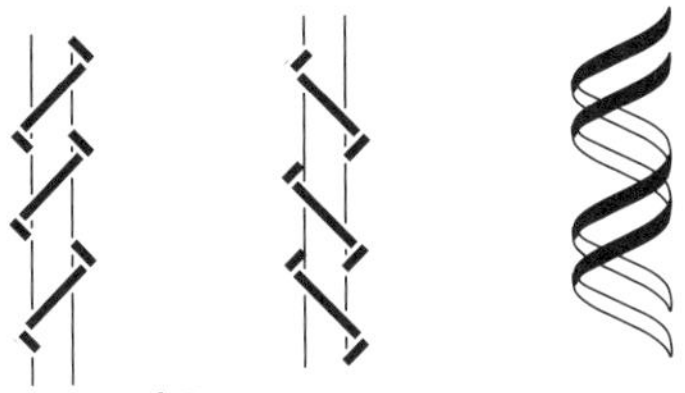

図 8−9　遺伝子である DNA の螺旋構造は右巻きである。先に述べた巻き方の定義を用いればこの図のようになり、DNA 螺旋の巻き方と同じになる。

左巻きとはどのように定義されているだろうか。調べてみると、研究者の間でも異なっているのが現状である。一つの考えとして、根元から先端に向かって眺め、巻いた蔓をたどったとき、時計回りのものを右巻き、反時計回りのものを左巻きとする。この場合、蔓植物を横から眺めてみると右巻きのときは蔓が左下から右上に、左巻きの場合は右下から左上方向を向いていることがわかる。ワトソンとクリックによりその構造が明らかになったＤＮＡの構造は国際的には右巻きとされ、上記の定義による蔓の巻き方と一致している（図８－９）。

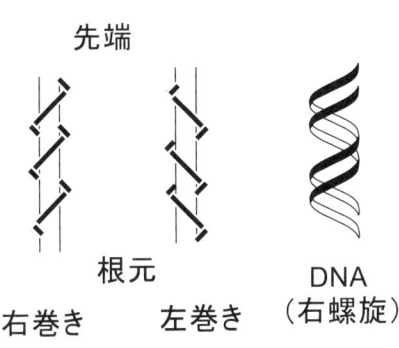

一方で植物学者の牧野富太郎による定義では、これと逆になっている。専門書などでも両方の定義が用いられており、混乱した感があるが、最近では先に説明した定義に従う例が多いようである。

茎自身が巻きつくのではなく、茎から伸びた巻き髭で他の植物や支柱に絡みつく植物も多い。身近なものでは、キュウリ、カラスウリなどのウリの仲間やマメの仲間が知られている。これらの巻き髭は葉が変形したもので、先端

図 8-10　キュウリの巻き髭。上の部分は右巻き、下の部分は左巻きである。

ケヤキに這い登るキヅタ

ツタの付着根

図 8-11　巻き蔓を持たないキヅタでは、蔓のところどころから付着根を出し樹木や壁に付着して這い登る。そのため太い木や広い壁に付着して這い登ることができる。

部と基部の中間付近で巻き方が逆転していることが多いようである（図8－10）。このように巻き方が逆になる部分を「反旋点」と呼ぶ。これは一定方向だけの巻き方ではかかる力に偏りが生じて不具合が起こる可能性があるため、この弊害を緩和するための工夫と考えられている。

蔓性植物の中にも、蔓を巻きつけないツタの仲間がいる。オカメヅタなどのキヅタの仲間や、ノウゼンカヅラ、ツタウルシ、ツルアジサイなどで、付着根で大木や壁などを這い登り繁殖する（図8－11）。

ネジバナは右巻き？ 左巻き？

ネジバナ（捩花、*Spiranthes sinensis* var. *amoena*）は中国原産のラン科の植物で、日当たりの良い場所、特に道路の中央分離帯などの草地や芝地などヒトの生活圏に自生する、草丈15～40センチの植物である。多数の小さな可愛らしい花が螺旋状に咲くためモジズリ（捩摺）とも呼ばれている。花は基本的にピンク色をしているが、白に近い色の花までピンク色の濃さには個体差がある。花は6月から7月にかけて見られる。可憐な姿をしているので、栽培植物としても供給されている。

先に述べた蔓性植物の巻き方は、植物の種類でどちらか一方に決まっていた。ネジバナの螺旋、つまり捩じれ方が左右どちらかということは興味深いが、観察してみると、ある狭い地域では左右どちらかに偏っていることがあるが、並んで左右逆のものが咲いていることもあり、全体的に見ると左右の螺旋を持つものがおおむね同じ割合で観察される（図8－12）。ネジバナでは螺旋の巻き方がラン

図 8-12　右巻きと左巻きのネジバナが交じって咲いていることがある。

ダムに行われているようである。なかには螺旋を巻かないネジバナもあるようだ。

ネジバナの螺旋の巻き方はどう判別するのだろうか。蔓の巻き方と同じように、根の方から先端方向に螺旋をたどったとき時計回りの場合を右巻き、反時計回りの場合を左巻きとする。しかし蔓の巻き方と同様に逆の定義をする人もあるため、相変わらず確定的な表記法は決まっておらず混乱している。

column 7

トラック競技は反時計回り

普段グラウンドを走る場合も運動会でも、オリンピックや国際的競技会でも、陸上競技はもちろん、スピードスケート、競輪、野球のベースランニングも左回り、すなわち反時計回りで走るようになっている。しかし、競馬では、競馬場によって右回りと左回りがあり、我が国では右回りが多いようである。人間に、スキーやスケートなどで右回転と左回転で得意不得意があるように馬にも右回り左回りで得意不得意があるのかもしれない。

なぜトラック競技は左回りになったのだろうか。最も歴史の古い陸上のトラック競技では、1896年の第1回アテネオリンピック競技から1904年の第3回セントルイス大会までは右回りだったが、1908年の第4回のロンドン大会から今の左回りになった。トラック競技は左回りという国際的なルールができたのは1913年で、1912年創設の国際陸上競技連盟によって決められた。

トラック競技で右回りより左回りの方が良い記録が出るようだとのことで、国際陸上競技連盟が左回りにするように決めたといわれているが、なぜ左回りが良い記録が出るかについては明確な理由はわかっていない。

説はいくつかある。まず、人間の約90%が右利きで、左足を軸足として、右足を利き足として蹴り出すことで効率的にコーナーを走るのに都合が良いと考えられる。そのためトラックのコーナーを回るとき、軸足である左足を内側に置き体を支え、利き足である外側の右足で加速させるためには左回りが都合がよいといわれている。

また、ヒトの血液循環は、大静脈循環で二酸化炭素を心臓に運ぶとき、心臓の左側から右側に血液が運ばれるため、左回りであればこの流れを加速させることができるとの考えもある。

一方で、競技を観戦する観客の立場に立脚して、欧米の文章は左から右へ横に書くため、競技を見るとき、競技者が左から右に走っていく姿を見ることができる左回りがより自然に目に入ってくるからなどの説もある。いずれにしても、国際陸上競技連盟の決定で陸上のトラック競技は左回りとされ、他のトラック競技もこの決まりを準用することで左回りになったのではないかといわれているが明確な理由はないようである。

実際に陸上競技者がトラックを右回りと左回りで400メートル走った場合、左回りの方が2秒以上速いといわれている。ただし、これは普段練習でも競技でも左回りで走っているための慣れの問題かもしれない。

ちなみに競馬場に左右両方があるのは、広大なトラックの建設で、スタンドなどの配置の都合で右回りか左回りかが決められ、その結果我が国では右回りの競馬場が多くなったようである。

NHKの「クールジャパン」という番組で、皇居の周りでランニングや散歩をする人について放映されていた。皇居が所在する千代田区では、ぶつかり合うなどの事故が起こらないように、トラック競技と同様に反時計回りでランニングするようマナーとして定めている。

一方、空港の荷物受け取りのターンテーブルも左回りが多いようである。これは、重い荷物を取る際、利き手である右手を使うためには荷物が左から来るのが好都合という明確な理由があるようだ。

column 8

ネジやツマミ、道具の回転方向

身近な小物で螺旋形のものには、ネジ類がある。ネジは、回転する機器に用いる逆回しのナットなど、特殊な使用目的以外では締めるときには右回りで世界的に統一されている。これは、世界には右利きの人が多く、右利きの人が締めるとき右手を使い時計回りにネジを回す方が力を入れやすいためにそうなったとの説があるが、昔は地域によって右回りと左回りのネジが用いられていたのを1841年にイギリスのジョセフ・ホイットワースが提唱して規格が統一されたといわれている。我々は長い間の経験で、右回りのネジに慣らされ体に染みついているため、ごく自然に右手に持ったドライバーを右回しでネジを締めたり、レンチを使って右回しでネジを締めたりする。確かに、右利きの人間が右手でネジを締める場合、右回しが力を入れやすいことは確かである。

一方、普段使っているガスコンロの火力調節ツマミをよく眺めてみると、着火する際は左回り一杯に回してカチッといったところで火がつく。ガスを弱くしたいときには右に回していき完全に右に回すと火が消えるようになっている。ガスコンロのツマミは左に回して火の勢いを強くし、右に回して火の勢いを弱くするようになっている。このツマミの回転方向は、世界的に共通のようである。ただし、最近ではスライド形式のスイッチを装着したガスコンロも広く使われている。

ガスコンロ以外の生活用品のツマミでは、オーディオ製品では、ボリュームなどのツマミは右に回してスイッチが入り、さらに右に回すことで音量を上げることができる。自動車のエアコン、電子レンジの時間のツマミなど一般的な装置のツマミは右に回すことでスイッチが入り、より効果が上がるようになっているが、ガスコンロのツマミだけは逆向きになっている。

多くのツマミが右に回してスイッチを入れるのにどうしてガスコンロの場合は逆なのだろうか。

諸説あるようだが、いざというときには危険なものをコントロールしなければならないガスコンロでは、着火するときは緊急性がなく慌てる必要がないが、いざというときとっさに火を消す必要がある。その際、右利きの人間には右回りにツマミを回す方がやりやすいため、ガスコンロは他の機器のツマミとは逆回転になっていると考えられる。

陶芸にはなくてはならないロクロ（轆轤）の回転する方向は、日本では一般的に右回りで、中国、韓国、ヨーロッパ、アメリカなどほとんどの国では左回りが普通のようである。日本では、古くから床に座ってロクロを使うため足を使うことができないので、「手回しロクロ」が使われてきた。その結果、利き手の右手で引くようにロクロを回すのが力を入れやすく効率的であるため右回りとなった。一方、ヨーロッパでは椅子に座って作業するため足を使うことができ、足で蹴る「蹴りロクロ」が用いられてきた。利き足である右足を使う場合、蹴ってロクロを回すのが効率的であるため左回りになったと考えられている。

我が国でも、沖縄地方や、伝統的に蹴りロクロを使っている兵庫県の丹波立杭焼や大分県日田の小鹿田焼《おんたやき》など一部の焼き物では左回りのロクロを使っている。

今では電動のロクロが使われており、スイッチ一つで回転方向が変えられるようになっている。ロクロの回る方向のどちら回りが適当なのかは特に有意差はなく、陶芸を行う人が最初に指導を受けたときの右か左かによって決まってくる。長い間の経験で身についた回し方がその人に合った回転方向になっている。

テレビ番組で、陶芸の勉強に来日したヨーロッパの若い陶芸家が日本の著名な陶芸家のもとで修業する場面が放映された。その際、初めて日本のロクロを使う場面で、その回転方向が自分の経験した方向と逆であることに戸惑う姿が放映されたが、この回転方向は慣れの問題でどちらが正しいという話ではないようである。

column 9

貝毒の話

貝による中毒がしばしば問題になっている。我々が食べる貝は通常無毒で問題はないが、ときどき貝が毒化し社会問題となることがある。毒化は渦鞭毛藻などの海生の有毒プランクトンを捕食した二枚貝が有毒物質を蓄積することで引き起こされる。毒化した貝を食べることで重大な被害を受けることがあるため、世界中で食用貝の毒化はモニタリングされ、必要に応じて警報が発せられる。我が国では北海道から沖縄までの各地で、世界ではアジア、アフリカ、北中南アメリカ、オセアニアのほとんど世界中で貝毒の発生が見られる。

我が国で起こった貝毒事件としては、「浜名湖アサリ貝毒事件」が有名である。静岡県の浜名湖西岸の湖西市で1942年3月から4月にかけて起こった食中毒事件で、334名の患者が発生し144名が死亡したといわれている。当時の分析技術のレベルではその原因物質を明らかにすることはできなかったが、渦鞭毛藻が原因であろうと考えられている。

貝毒による食中毒としてはいろいろあり、下痢性貝毒、麻痺性貝毒、神経性貝毒、記憶喪失性貝毒などが知られているが、我が国で問題となっている貝毒事故は下痢性貝毒と麻痺性貝毒によるものである。

下痢性貝毒はディノフィシス属（*Dinophysis* sp.）などの渦鞭毛藻類により生産されるオカダ酸やディノフィシストキシンなどによるもので、毒化したホタテガイ、ムラサキイガイ、ホッキガイなどの多くの二枚貝によって引き起こされる。毒成分は貝の中腸腺に蓄積される。貝毒の摂取により食後30分から4時間の間に、激しい下痢、吐き気、嘔吐、腹痛など消化器系の症状が引き起こされるが、普通は数日以内に回復し、後遺症もなく、死亡例もない。

麻痺性貝毒は、アレキサンドリウム属（*Alexandrium* sp.）、プロトゴニオラックス属（*Protogonyaulax* sp.）などの渦鞭毛藻類により生産されるサキシトキシンやゴニオトキシンなどにより引き起こされる食中毒である。毒化したホタテガイ、アサリ、カキ、ムラサキイガイなどの二枚貝による食中毒が知られている。毒化した貝を食べると、摂取後30分ぐらいで舌や唇、顔面がしびれ、その後、症状が全身に広がり体が思うように動けなくなる。最悪の場合は12時間以内に呼吸困難になり死亡することになる。代表的な貝毒であるサキシトキシンの毒性は強く、ヒトの致死量は1～2ミリグラムといわれている。サキシトキシンなど麻痺性貝毒は骨格筋や神経の膜電位依存性ナトリウムイオンチャネルに結合し、チャネル内へのナトリウムイオンの流入を阻害することで神経伝達を遮断し呼吸困難などの作用を引き起こす。その症状はフグ毒に似た経過を示す。

貝類の毒化は地域により、また時期により異なるためにきちっとした監視が必要である。我が国では多くの都道府県で有毒プランクトンの発生状況を監視し、さらに貝類の毒性値を測定し、規制値を超えたときには貝類の出荷を規制している。夏の時期になると北海道や青森地域のホタテガイの毒化の情報や、広島近郊のカキの毒化の警報などがしばしば報道されることがある。有料の潮干狩り会場では管理が行き届いており、貝の毒化が監視されているが、管理地以外で採取した貝類は毒化している可能性もある。実際、管理地以外で個人的に採取した貝を食べ中毒を起こす例が報道されることがある。

貝類の生産が盛んな宮城県の例では、貝毒対策として定期的に貝毒検査が行われている。令和4年度上半期では、2月15日から3月22日の間でも、ムラサキガイ、アカザラガイ、カキ、アカガイなど7回にわたって出荷自主規制や出荷自粛の処置がとられている。

二枚貝以外でも、マホヤやカメノテ、フジツボなども毒化することがある。マホヤは東北地方の名物であり、カメノテやフジツボをみそ汁の具として食べる地域もあるので注意が必要である。下痢性貝毒や麻痺性貝毒成分は熱に強いため、調理後でも分解されることなく毒性を維持しているので特に気をつけたい。

おわりに

我々の住む地球が存在する宇宙は、三次元空間に時間の流れが加わった四次元時空である。そのため、我々は日常の生活の中で仕事に出かけたり、スーパーやショッピングセンターなどでショッピングを楽しむことができる。また、余暇を利用しドライブや電車、航空機による旅行を楽しみ、好きなスポーツに興じ、また一流選手の活躍を観戦するなどして三次元空間での行動を謳歌することができる。まさにこの宇宙が三次元空間であることのおかげである。また、一定のリズムで時を刻んでくれる時間のおかげで我々の動きが止まることなく行動することができ、成長していくことができる。まさに四次元時空に生きる我々は、この宇宙に生まれ成長して一生を終えることになる。

我々生命がいかにして誕生したかは今なお解決されない謎であり、生命誕生のためになくてはならないホモキラリティーという現象も同様にどのように誕生したかわかっていない。我々が住む宇宙のような三次元の世界では、生命活動を担うアミノ酸や糖においてホモキラリティーという興味深い現象が存在している。微生物から植物、動物まで地球上のすべての生物はアミノ酸としてはL－アミノ酸を、糖としてはD－糖を用いて生命活動を行う同じホモキラリティーが維持されている。このことと一次代謝系が同じであることから、大きさや形態が大きく異なるすべての地球の生物は38億年の時間をかけて共通の祖先から進化してきたと考えられている。

地球に住む我々がこの宇宙で唯一の生命体なのかどうかに関していろいろな意見があるが、我々の知る限り、我々人類は高度な知的生命体として今のところ宇宙で唯一の存在となっている。しかしこの広大な宇宙には、地球のような生命誕生の可能性のある惑星が無数にあると考えられており、宇宙のどこかには我々のような生命体が、もしかしたらより高度な知的生命体が存在している可能性も皆無ではない。そんな地球外の生命体は我々と逆のホモキラリティーを持ち、D－アミノ酸とL－糖を用いる鏡の世界の生命体かもしれない。

三次元構造を持ち不斉炭素を持つ鏡像異性体では、我々生物に対して異なる生理活性を示すことが明らかになっており、サリドマイド事件という薬害や大きな社会問題も起こっている。それは、我々生物は、鏡像異性体であるアミノ酸や糖の一方の鏡像異性体だけを用いてタンパク質や核酸を構築して体を作り上げ、生命活動に用いているからであることは理解していただけただろうか。

香り物質、味覚物質、医薬品のようにタンパク質で構成された受容体である化学センサーは、鏡像異性性の違いを厳格に選別する。特に医薬品では、用いる鏡像異性体を選んで用いる必要があり、求める薬理活性が得られ、副作用のない特定の鏡像異性体を製造して供給することが必須となっている。

四次元時空に生まれ進化してきた地球の生物が、ホモキラリティーと呼ばれる現象のおかげでこのように生命溢れる惑星を作り出すことができたことを理解していただければ幸いである。

用語解説

アミノカチオン……タンパク質を構成するアミノ酸のうち、アミノ基を末端に持つ塩基性アミノ酸では、末端アミノ基（$-NH_2$）がプラスにチャージしたアミノカチオン（$-NH_3^+$）となりマイナスにチャージした構造と相互作用することにより生理活性に影響を与える。

アルキル鎖……炭素に水素が結合した構造をアルキル構造と呼ぶが、これが鎖状につながった構造のこと。長鎖脂肪酸などはこのような構造で構成されている。

円偏光……物理学の考えでは、光は右回りと左回りの円偏光と呼ばれる電磁波が逆の方向で回転し一緒になることで平面内に振動する平面偏光となり、これが集まったものを我々は見ている光ということになる。中性子星などの高エネルギーの星は一定方向に回転した円偏光を発する。

核磁気共鳴（NMR）……有機化合物を構成する水素の同位体である^{1}Hや炭素の同位体である^{13}Cなどを測定することにより有機化合分子中の水素や炭素の存在する環境を知ることができ、詳細な解析により有機化合物の化学構造を明確に確認することができる。

基質特異性……酵素反応などにおいて、反応を受ける物質である基質の構造の特性を識別して一定の基質のみが反応を受けること。例えば酵素であるエムルシンはα-1, 4-結合でグルコースがつながったデンプンを効率よく加水分解するが、β-1, 4-結合でグルコースがつながったセルロースは加水分解できない。

グラム陽性菌……細菌の細胞壁の違いから、グラム染色と呼ばれる化学処理により青色に染まる菌のグループがグラム陽性菌に分類される。グラム陽性菌としてブドウ球菌、連鎖球菌などが有名である。

光学活性……不斉炭素を持つ鏡像異性体が示す性質で、平面偏光を右（プラス）または左（マイナス）の方向に曲げる性質。鏡像異性体の関係にある化合物では同じ絶対値でプラスとマイナスの逆の旋光度を示す。

ジスルフィド結合（S-S）……SH グループを持つ2つの化合物間で、H_2S（硫化水素）が離脱することで生成する結合。特にタンパク質中のシステイン間でこの反応が起こることで架橋され、タンパク質の高次構造を安定化することなどが知られている。

脱分化……生物は未分化な細胞から分化しいろいろな特性を持つ組織に変化する。動物は基本的に分化した形からもとに戻れないが、植物では、分化した形から未分化細胞や他の組織に変化することができる。分化した細胞から未分化細胞への変化を脱分化と呼ぶ。

「白鳥の首フラスコ」を用いた実証実験……先端をS字状に加工したフラスコでは外からの菌の侵入が起こりにくいため、フラスコ内の肉汁が腐敗しないが、この部分をカットしたフラスコでは菌が侵入して肉汁が腐ることを実験的に明らかにした実験。このことにより生物の自然発生説を否定したパスツールによる実験として有名。

不斉増殖……鏡像異性体の存在量のわずかな差がきっかけとなって反応を繰り返すことにより、一方の鏡像異性体が優勢になっていく過程。アミノ酸の合成などの際に自然界で起こっていると考えられている。

プロトンポンプ……生物体内の生体膜において、情報交換が行われるときに働くプロトン（水素イオン）を能動的に輸送する働きを持つタンパク質の総称。過剰なプロトンポンプの働きによる異常を抑えるプロトンポンプ阻害薬と呼ばれる医薬品が数多く用いられている。

モル分率……物質の濃度を示す単位の一つで、特定の成分の物質量（モル）を全体の物質量（モル）との比（mol/mol）で表したもので、単位を持たない。

ラセミ体……お互いに鏡像関係にある化合物が50：50の比率で存在する状態で、アミノ酸などの例では、L－アミノ酸が時間経過と共にD－アミノ酸に変化してL－アミノ酸とD－アミノ酸が同数になった状態を指す。このような過程をラセミ化と呼ぶ。

参考文献

伊藤拓水・安藤秀樹・半田宏「サリドマイドの催奇性メカニズム」化学と生物　49巻12号819〜824ページ　2011年

尾上哲治『大量絶滅はなぜ起きるのか――生命を脅かす地球の異変』講談社ブルーバックス　2023年

蒲生俊敬・窪川かおる『なぞとき深海1万メートル――暗黒の「超深海」で起こっていること』講談社ブルーバックス　2021年

キャロル、ルイス（佐野真奈美訳）『鏡の国のアリス　新訳』ポプラポケット文庫　2015年

小林憲正『生命の起源――宇宙・地球における化学進化』講談社　2013年

小林憲正『地球外生命――アストロバイオロジーで探る生命の起源と未来』中公新書　2021年

齊藤聡・山本由美・猪原匡史「老年医学の展望　ドラッグ・リポジショニングの新展開」日本老年医学会雑誌　52巻3号200〜205ページ　2015年

笹部潤平「[D]‐アミノ酸の哺乳類における生物学的意義――アミノ酸のキラリティが作る鏡の中の生物学」化学と生物　57巻6号340〜345ページ　2019年

中崎昌雄『立体化学――対称を中心に1』東京化学同人　1975年
永田和宏『タンパク質の一生――生命活動の舞台裏』岩波新書　2008年
パルソン、ギスリ（長谷川眞理子監修、梅田智世訳）『図説人新世――環境破壊と気候変動の人類史』東京書籍　2021年
平山令明『分子レベルで見た薬の働き――生命科学が解き明かす薬のメカニズム　第2版』講談社ブルーバックス　2009年
広瀬立成『対称性から見た物質・素粒子・宇宙――鏡の不思議から超対称性理論へ』講談社ブルーバックス　2006年
藤倉克則・木村純一編著『深海――極限の世界――生命と地球の謎に迫る』講談社ブルーバックス　2019年
ブラネン、ピーター（西田美緒子訳）『第6の大絶滅は起こるのか――生命大絶滅の科学と人類の未来』築地書館　2019年
細将貴『右利きのヘビ仮説――追うヘビ、逃げるカタツムリの右と左の共進化』東海大学出版会　2012年
細将貴「『右利きのヘビ』で解く、左巻きカタツムリの謎」生物工学　93巻3号170～175ページ　2015年
牟田口祐太・大森勇門・大島敏久「乳酸発酵とD－アミノ酸生産」化学と生物　53巻1号18～26ページ　2015年

村山斉『宇宙は何でできているのか――素粒子物理学で解く宇宙の謎』幻冬舎新書　2010年

山田良平「生物界におけるD-アミノ酸の存在と役割」化学と教育　52巻1号22～25ページ　2004年

ロバーツ、R・M（安藤喬志訳）『セレンディピティー――思いがけない発見・発明のドラマ』化学同人　1993年

Brunner, Henri（柳井浩訳）『右？左？のふしぎ』丸善出版　2013年

Eliel, E. L., Wilen, S. H., 1994. *Stereochemistry of Organic Compounds*. Wiley & Sons.

Pure & Appl. Chem. Vol.45, pp.11-30（1976）

【わ行】

【ま行】

【や行】

【ら行】

【は行】

【た行】

【な行】

【さ行】

索引

著者紹介

黒柳正典（くろやなぎ・まさのり）

専門は生薬学、天然物有機化学、有機立体化学。

1968 年、静岡県立静岡薬科大学（現：静岡県立大学薬学部）修士課程修了。1968 年、国立衛生試験所（現：国立医薬品食品衛生研究所）研究員。1978 年、薬学博士学位取得（東京大学）。同年、静岡県立大学薬学部教員。1982 年、米国コロンビア大学留学。1998 年、広島県立大学生命資源学部（現：県立広島大学生命環境学部）教授。2009 年、同大学名誉教授。2012 ～ 2024 年静岡県立大学客員教授。

著書に『植物　奇跡の化学工場――光合成、菌との共生から有毒物質まで』『人の暮らしを変えた植物の化学戦略――香り・味・色・薬効』（築地書館）、『健康・機能性食品の基原植物事典』（中央法規、分担執筆）。

立体と鏡像で読み解く生命の仕組み
ホモキラリティーから薬物代謝、生物の対称性まで

2024年12月26日　初版発行

著者　黒柳正典
発行者　土井二郎
発行所　築地書館株式会社
〒104-0045
東京都中央区築地7-4-4-201
☎ 03-3542-3731　FAX 03-3541-5799
https://www.tsukiji-shokan.co.jp/
印刷・製本　シナノ印刷株式会社

© Masanori Kuroyanagi 2024 Printed in Japan ISBN 978-4-8067-1675-4

・本書の複写、複製、上映、譲渡、公衆送信（送信可能化を含む）の各権利は築地書館株式会社が管理の委託を受けています。
・JCOPY〈(社)出版者著作権管理機構 委託出版物〉
本書の無断複製は著作権法上での例外を除き禁じられています。複製される場合は、そのつど事前に、(社)出版者著作権管理機構（電話 03-5244-5088、FAX 03-5244-5089、e-mail : info@jcopy.or.jp）の許諾を得てください。

●築地書館の本●

植物　奇跡の化学工場

光合成、菌との共生から有毒物質まで

黒柳正典［著］

2,000円＋税

自身で生合成した化学物質をフル活用して、厳しい生存競争を克服し地球上で繁栄してきた植物。

地球生命を支える光合成から、成長に関わるホルモンや、外敵・競争相手に対抗するための他感作用物質、繁殖のための色素や甘味物質の生産、私たちが薬品として利用する有毒物質など、植物が生み出す驚きの化学物質と、巧妙な生存戦略を徹底解説。

植物を化学の視点で解き明かす。

●築地書館の本●

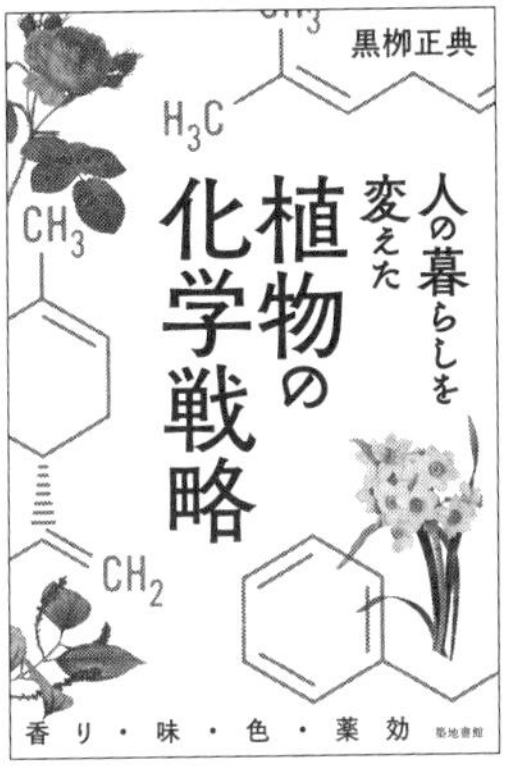

人の暮らしを変えた植物の化学戦略

香り・味・色・薬効

黒柳正典［著］

2,400円＋税

トウガラシはなぜ辛い？　日本三大民間薬とは？

植物由来の物質が、抗がん薬に使われる？

人間が有史以前から、生活のために利用してきた植物由来の化学物質。それは植物が自身の生存のために作り出した二次代謝による産物であり、我々はその多様な物質から、香り、味、色、そして薬効などさまざまな恩恵を受けてきた。

人の暮らしを支える植物の恵みを解き明かす。

●築地書館の本●

CBDの科学

大麻由来成分の最新エビデンス

L・パーカー＋E・ロック＋R・ミシューラム［著］
三木直子［訳］　日本臨床カンナビノイド学会［監訳］
3,300円＋税

CBD（カンナビジオール）は、大麻草およびヘンプから採れる陶酔作用を持たない化合物である。

大麻研究の第一人者である3人の研究者が、CBDについての科学的なエビデンスを取り上げ、その潜在的な医療効果に関する科学文献の包括的なレビューを提示し、前臨床研究とヒトを対象とした臨床研究の両方から得られた知見を解説する。

●築地書館の本●

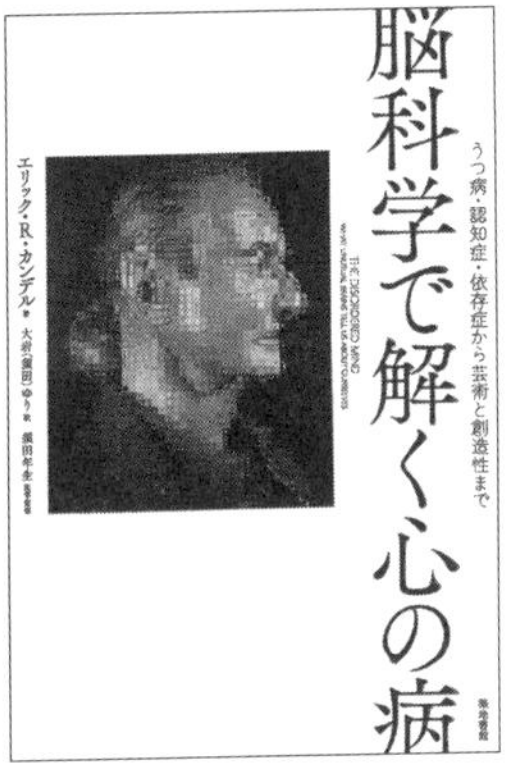

脳科学で解く心の病

うつ病・認知症・依存症から芸術と創造性まで

エリック・R・カンデル［著］

大岩（須田）ゆり［訳］　須田年生［医学監修］

3,200円＋税

ヒトの脳内には860億個のニューロンがあり、ニューロン同士が正確につながることで、コミュニケーションを取っている。これが正常につながらないと、脳機能に混乱が生じて精神疾患を引き起こす。

神経科学者たちの研究成果、精神疾患の当事者や家族の声、治療法の歴史を踏まえながら、ノーベル賞受賞の脳科学の第一人者が心の病と脳を読み解く。

●築地書館の本●

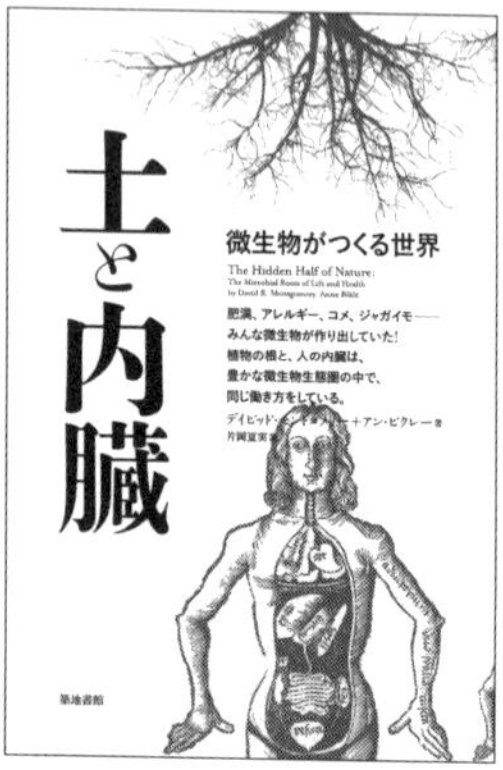

土と内臓

微生物がつくる世界

デイビッド・モントゴメリー＋アン・ビクレー［著］
片岡夏実［訳］
2,700円＋税

植物の根と、人の内臓は、豊かな微生物生態圏の中で、同じ働き方をしている。

農地と私たちの内臓に棲む微生物への、医学、農学による無差別攻撃の正当性を疑い、地質学者と生物学者が微生物研究と人間の歴史を振り返る。

微生物理解によって、食べ物、医療、私たち自身の体への見方が変わる本。